智元微库
OPEN MIND

成 长 也 是 一 种 美 好

至少今天
不内耗

王瑞

著

人民邮电出版社

北京

图书在版编目（CIP）数据

至少今天不内耗 / 王瑞著 . -- 北京 ：人民邮电出
版社 ，2025. -- ISBN 978-7-115-66321-4

Ⅰ．B84-49

中国国家版本馆 CIP 数据核字第 2025BP3156 号

◆ 著　王　瑞
责任编辑　杨汝娜
责任印制　周昇亮

◆ 人民邮电出版社出版发行　　北京市丰台区成寿寺路 11 号
邮编 100164　　电子邮件 315@ptpress.com.cn
网址 https://www.ptpress.com.cn
文畅阁印刷有限公司印刷

◆ 开本：880×1230　1/32

印张：9　　　　　　　　　　2025 年 3 月第 1 版

字数：170 千字　　　　　　　2025 年 3 月河北第 1 次印刷

定　价：59.80 元

读者服务热线：（010）67630125　印装质量热线：（010）81055316
反盗版热线：（010）81055315

自　序

♪　我叫王瑞，在心理咨询师这个岗位上已从业近 10 年，**一直致力于将心理学变成一种生活方式**。心理咨询是实现这个愿景的一种重要路径，为此，我创立了安慰记心理咨询工作室（目前已向社会提供了 4 万余次专业心理咨询服务）。自我成长类的图书创作则是另一种重要路径，让我可以系统地传递将心理学应用在生活中的理念。

我的第一部著作《二次成长》重点讨论的是，受到历史成长因素影响的人格如何实现第二次塑造，即"重新养自己一遍"。而这一次，我想把时间线从过去拉到当下，关注既不可控又随时会爆发的顽固内耗，并和大家分享一整套每个人都可以独立运用的完整解决方案。

我也曾亲身经历和内耗对抗、在内耗中瓦解，并向内耗臣服的过程。我在写作期间，曾一度因为灵感的匮乏和对内容进行打磨过程中的波折而陷入内耗，在偶尔因此而发呆时，脑海中会出现一个幻想的新闻标题——"某作者因创作内耗主题的书而陷入内耗",这颇有点黑色幽默的意味。毕竟,如果我谈论内耗却没有感同身受,那么我就只能以一个旁观者的身份进行表浅的就事论事,而我亲历了战胜自我内耗的全过程,这让本书更显真实和完整。

完成本书的初稿后,当我从第一章开始重新修改和润色文字时,惊讶于自己的心境和自我状态已经发生变化,非常庆幸能够有这样一个机会,再一次通过写作,和大家共度人生的一段旅程。

如果你希望有更好的阅读体验和成长收获,那么我给大家提供以下几个建议。

1. 按顺序阅读

本书的章节安排是按照解决内耗问题的时间维度呈现的,所以按顺序阅读可以让大家更顺应自主成长的规律。

2. 每个方法至少练习一次

本书呈现的所有方法之间虽相互独立,但又有一定的递进关系。在阅读的过程中,每个方法可以多练习几次,不过,请记住,一定要在完成上一个方法的练习之后,再阅读后面的内容。

3. 最后回到薄弱的地方反复练习

读完整本书后，你便会开启更有针对性的自我成长过程。你可以回到某个对自己来说薄弱的环节，重点进行重复性练习。

内耗是一种慢性心理症状，它需要由表及里地在各个自我维度上进行处理，所以这段成长的旅程将会持续一段时间。为了让大家充满信心地开启这段旅程，我特别设计了第一章的内容——"齿轮"临时修复法，希望帮助大家在翻开本书的那一晚，体验到如何才能不内耗，然后带着这份感受，踏上这趟意义非凡的自我成长之旅。

2024 年 7 月 30 日写于北京暴雨之夜

（本书提到的小 A、小 B 和小 C 均为案例人物化名，已经由本人同意将其真实经历加以改编后纳入本书的案例讲解部分。）

目　录

第一章

"齿轮"临时修复法

如今，内耗就如同一个具有代表性的身份标签，成为人们常用的社交热词，常被用来描述一种普遍存在的心理状态。基于这种状态，我暂且先通过"内耗与否"这个标准，把人简单分成两类，即**内耗的人和不内耗的人**。

内耗的人往往都有高敏感、想得多、犹豫不决以及容易自我怀疑等特点。而不内耗的人，好像拥有一种强大的屏蔽功能，不太容易受到外界影响，也常常难以理解内耗的人究竟怎么会被一件小事或一个不相关的人，拉扯出那么多强烈且复杂的情绪。

难道内耗是一种严重的心理问题吗？

事实上，虽然内耗并非心理学专业名词，但它和很多心理现象相关，比如认知失调、自卑动力、隐性控制等。内耗对生活的影响是弥散性的，如果你认为自己是一个内耗的人，就意味着内耗会在与你相关的不同的环境和人际关系中出现，但它一般不会严重到像抑郁症或者焦虑症一样破坏你的社会功能，比如你不会内耗到休学或者完全无法工作。

所以，我认为内耗是一种心理综合征，它并未达到心理疾病的程度，但它的确在不同的生活纬度上，影响到了个体的基本生活质量和精神体验。我将内耗定义为"**自我关系错位带来的广泛性应激综合征**"。

"自我关系错位"指的是理想自我和现实自我的偏差，常常表现为高标准的理想自我和表现力差的现实自我之间的偏差。"广泛性"指的是内耗的辐射范围广泛，无特定指向性，可以由环境、人际或自我念头等各种不同来源引发。"应激"指的是由危险的或者出乎意料的外界情况的变化所引起的一种情绪状态，带有瞬间唤起压力感的特点，比如被描述为"一点就着""瞬间崩溃"的状态，严重时还伴有明显的生理症状，比如心跳加快、汗腺分泌激增、恶心呕吐等。"综合征"指的是一组关联性较高的表现集合，而非某单一特定的表现，包括但不限于开篇提到的高敏感、想得多、犹豫不决以及容易自我怀疑等。

在后续章节中，我将对内耗所涉及的底层心理模式和应对方法一一进行拆解。拆解的过程需要耐心地进行自我探索，我会全程陪伴大家一起完成。但因为内耗不等人，它可能时刻都会上演，所以，在本书的第一章，我会先呈现一个至少可以在当下快速终止内耗的方法——"齿轮"临时修复法。这个方法随时随地都可以使用，等熟练掌握后，你就可以更安全且深入地成长，去从根本上解决内耗问题了。

"齿轮"临时修复法分为三个步骤，分别是：

- 找到"哪里卡壳了"；
- 调整"卡壳的零件"；
- 放手，让"齿轮"自主运行。

[第一节]

找到"哪里卡壳了"

　　内耗给人带来的第一个强烈感受是"卡在了某个地方",让人动弹不得。在这种情况下,既无法前进,也无法后退。就像一个正常运转的机器,突然卡壳了,即便只是一个无法顺利转动的齿轮("齿轮"临时修复法中"齿轮"的由来),也会给机器造成巨大的能量消耗。因此第一步,就是要找到究竟是"哪里卡壳了",否则最终我们付出的任何努力都会是徒劳的。因为内耗最突出的特点就是**耗能**,所以在应对内耗的过程中,最重要的就是把有限的心理资源① 应用在最关键的位置,节省有效能量。

　　那么如何找到卡壳的地方呢?

　　首先来看一看小 A 的案例。

　　我的内耗和流泪有关。我常常会逼着自己不流泪,因为我不喜欢自己哭的样子。如果我因为一件事情流泪了,但实际上心里又觉得这件事情没什么大不了,我就会责怪自己,陷入内耗。

---

① 这里的心理资源指的是我们的大脑在处理各种输入的信息时所消耗的认知资源、情绪资源和意志资源。

在这个案例中，如何找到小 A 卡壳的地方呢？方法很简单，就是**找到那个不匹配的地方，或者也可以理解为不自洽或者不合理的地方**。这个答案并不唯一，每个人都有自己对不匹配的理解，我找到的不合理的地方是：小 A 认为，发生大事才勉强能达到流泪的标准，最好的情况是完全不流泪（理想自我）；而实际情况是，一件小事就让小 A 轻易流下了眼泪（现实自我）。

这种不匹配感让小 A 产生了强烈的情绪，但其怎么也无法理解自己为什么会产生这种不符合原本想法的行为，所以出现了卡壳。小 A 的理想自我和现实自我之间的标准几乎是完全相反的，卡壳程度较大，明显产生了内耗。

再来看一看更复杂的小 B 的案例。

我喜欢和伴侣翻旧账，一翻旧账就吵架，吵完就会"冷战"，一"冷战"我就会进入内耗状态。比如，有一天我的伴侣已经睡着了，我突然想到上次我们因为该由谁负责洗碗吵起来的事情，我感觉很委屈，于是就把伴侣弄醒了，想再把这件事情聊清楚。可是对方认为我无理取闹，要继续睡觉，而在我的推搡下，伴侣不得已坐了起来，然后我们就开始吵架。第二天我们陷入了"冷战"，这时我会想自己是不是错了，是否应该跟对方道歉。但我又认为对方也有问题，所以不想道歉。与此同时，我还害怕"冷战"久了对方会离开自己。这几个念头在我的脑海里循环打转，内耗严重到影响了我的工作和生活。

这则案例涉及的不合理因素不止两种。若想要快速中止内耗,我认为应该锁定其中和自我相关的(比如和对方"冷战"就是不属于和自我相关的因素)并造成不匹配结果的两个对立因素。比如,我找到的一个不匹配结果是:小B认为犯错就应该道歉(理想自我);而实际的情况是,如果小B认为对方也有问题,那么自己就无须道歉,所以道歉的条件是对方没有犯错(现实自我)。

这两个对立因素在小B脑海里拉扯的过程,让其处在面对未知而不知所措的状态,没有办法在"冷战"中做出下一步行动的决定,所以出现了卡壳。小B的理想自我和现实自我之间存在差异,但并没有小A那么巨大。

最后来看一看小C的案例。

我时常陷入自我怀疑之中。最近我总在想,自己是不是和别人不太一样?感觉和同事在一起工作的时候,自己特别笨,很多事情不能马上理解。但仔细想想,又觉得自己的学习能力也还行,大概就是不擅长和别人一起协作,要是能独自开展工作,可能效果会更好吧。但无奈的是,当下这份工作又需要和团队其他成员一起完成,唉。

我们一起来看看小C卡在了什么地方。我给出的答案是(大家可以在看此答案前,自己先尝试分析下):小C认为自己的学习能力没问题，不影响独立完成工作，因此，小 C 觉得如果能一个人工作就好了（理想自我）；而实际的情况是，小 C 选择了一个需要协作的工作环境，而自己在协作方面并不擅长（现实自我）。

这两种对立的因素让小 C 一直处在暴露弱点的状态中，就像强迫一条鱼在陆地上生活一样，连生存都成问题了，更别提保持良好的状态了。当然，也许在选择这份工作的时候，小 C 并没有清楚地意识到该工作的性质，或者根本还不知道自己擅长或不擅长什么，对自己的了解不够多。因此，大家不用害怕内耗的出现，很多时候它也是在为我们**提供一种有价值的信息**。就像对于小 C 来说，出现了这样的内耗之后，自己才有了对于独立工作和协同工作的实际看法。

通过以上三人的案例，我带大家一起从自我状态、感情生活和工作环境这三个方面进行了"找到卡壳位置"的练习。从这个练习中，我们或许可以对内耗产生更深入的理解——**内耗的症结在于卡顿，所以它的反面是流动**。

每个人的心理状态，都本应像流动的河水。随着经历的积累，河流的某处开始有了小石子，起初小石子并不影响河水的正常流动，直到聚积的数量足够多时，便阻塞了河水的流动。

如果我们的处理方式是往干涸的水道中灌水，类比到现实生活中，可能是采用一些和内耗本身不直接相关的情绪调节方式，比如运动、享用美食等。这些处理方式起初肯定有一定作用，但在短暂的缓解后，**我们不可避免地仍要再次面对自己内心中的卡顿感和枯竭感，这样的反复落差会让内耗感更加明显。**

因此，找到造成心理状态阻塞的卡壳位置，是最终实现内心疏通的非常重要的第一步。而且，找到症结所在是一个可以带来希望感的过程，而希望感则是帮助我们在解决内耗的过程中坚持下去的动力。

最后，总结一下"找到卡壳位置"的要点。

第一，找出理想自我和现实自我之间的差异。优先锁定那些和自己相关的因素，即自己的想法、情绪或行为，以及自己曾经做出的选择、考虑不周之处等，并将其分类为理想自我或现实自我。同时，暂时弱化自己不可控的外在因素，比如人际关系中别人的性格、态度、反应，或更大的环境和社会因素等。当自己处在不内耗且更流动的心理状态时，我们就有能力去选择更满意的人际关系或工作环境，比如可以选择离开当前的工作环境去更好的公司，或者选择留下并积极改变现状。

在小 C 的案例中，强调其个人选择是较为推荐的方式，但如果单纯将其所处的环境定义为"有毒的"，就可能不能有效帮助小 C 感受到自己对人生的可控性。本书希望实现的目的是**帮你清理造成自己内心阻塞的"小石头"，然后重塑一个内心如河水顺畅流动的你，这样的你将能轻松做出任何选择。**

第二，挑出对立且紧急的因素。在和自己相关的因素中，优先挑选具有较强对立感且对于当前决定（可操作的下一步）影响较大的因素。比如，对于小 B 的案例，在和自己相关的其他因素中，还有"总是无法控制地选择不合时宜的沟通契机""对分离的强烈恐惧"等因素。这些因素都有较强的对立感，但可能和可操作的下一步（解决"冷战"带来的内耗感）的相关程度不如"是否道歉"这个因素那么高。

当然，每个人对自己的心理状态都有更深入和更独特的理解。如果你认为某个因素和下一步决策有较强的关联性，那就大胆选择那个因素吧！

第三，只选两个因素。在众多符合上述条件的因素中，为了便于理解，我们不需要选择太多。因为我们现在进行的是临时方法的学习，所以挑选出你最确定或者最突出的两个因素即可。

在后文中，我们还有大量的机会进行其他维度的练习。我知道，正在经历内耗的大家容易陷入选择困难，所以在这里特别做出以上温馨提示。

[第二节]

调整"卡壳的零件"

我相信大家在第一个步骤中都注意到了这样一个细节——在每个卡壳的位置上，不匹配或者不自恰的两个因素都分别属于理想自我和现实自我，它们分别代表**自我规则和现实结果**。

自我规则往往是简短的，便于我们在各种场景和人际关系中，迅速调动出那些重要的规则，更好地做自己。但也正因如此，过于简单的规则可能会让我们忽略很多不同的特殊情况，造成与复杂的现实结果之间的巨大冲突。

例如，小 A 希望自己是一个不因小事而哭泣的人，这可能是其对坚强之人的定义，但忽略了其他可能性，比如对什么是大事是否有误判、对坚强和哭泣之间的关系是否有误解等。

小 B 希望自己是一个勇于承认错误的人，这可能是其对有责任感或有道德感之人的定义，但忽略了一段亲密关系里其他影响更大的因素，比如"在履行责任感的同时，如何处理自己因此而产生的委屈感""在和道德感拉扯时，如何应对随之带来的被抛弃感"等。

小 C 的舒适区和成就区在于相对独立地完成工作，但在没有经验的情况下，小C对自己在这方面的特点并不是特别了解，同时由于这和大家的工作方式有较大的差异，所以从没想过要怎么选择一种更适合自己的工作方式。

当自我规则和现实结果之间产生冲突的时候，可以采取的行动无非是改变自我规则或改变现实结果，这是卡壳的两个零件，改变其中任何一个都是有效的。但这个过程究竟要如何进行，可能有很多不同的方案。在"齿轮"临时修复法这个以"当下快速中止内耗"为目的的方法中，我给出的方案是由以下两个部分组成的。

1. 微调自我规则

自我规则是我们长期积累的一套和环境及人际互动的核心标准，改变起来的难度较大，需要突破我们长期的习惯模式并克服由此带来的极强不适感。所以，我更推荐的方式是"微调"，这个动作有两个暗示。

- 我们本身已经形成的自我规则是被接纳、被允许存在的，它无须经历翻天覆地的改变，**我还是我**。
- 与其说是调整，不如说是在之前自我规则的基础上稍许优化，是在更深入地理解自我规则后做出的改变。

以小A、小B和小C为例，我们一起来练习一下如何对自我规则进行微调。

小 A 的原始自我规则：大事才值得自己流眼泪。

小 A 微调后的自我规则可以是（a 或 b 任选）：

a. 大事可以大哭一场，小事可以小声啜泣。

b. 发生在自己身上的事，都值得流眼泪。

小 B 的原始自我规则：犯错就一定要道歉。

小 B 微调后的自我规则可以是（a 或 b 任选）：

a. 不管对方是否有错，只要自己犯错就应该向对方道歉，但如果道歉带来的情绪波动较大，那么可以给自己一点时间，来做好面对道歉的准备。

b. 自己犯错就应该道歉，但同时要意识到"道歉不一定带来好的体验，它本身就是有些复杂的心理过程"，道歉就是要去体验这样的过程。

小 C 的原始自我规则：只有在独立完成工作的时候，才能表现出对工作的胜任力。

小 C 微调后的自我规则可以是（a 或 b 任选）：

a. 独立工作的时候能够释放至少 90% 的胜任力，协同工作会影响胜任力，但也许可以实现 70% 到 80% 的胜任力水平。

b. 独立工作和协同工作的胜任力是接近的，只是独立工作时的舒适度更高，因此可以针对协同工作时的较低舒适度采取一定的补偿措施。

在每个案例中，我都给出了两个调整方向，这意味着调整方向是自由的，并没有严格的"正确方向"，而是可以根据自己的理解和意愿，给出若干个可以尝试的方向。

一般来讲，原始的自我规则会造成卡壳的原因主要是设置的应用条件太苛刻，往往伴随着一些极端条件的词汇，比如"才""一定""只有"等。这样的自我约束会把自己的行动空间限制在非常狭小的范围内，造成处处碰壁的结果。

因此，调整的大方向就是要在一定程度上将极端的限制条件放宽松，就像给时常紧张的肌肉做了一个小小的按摩。

2. 重复描述现实

已经发生或者正在发生的某种现实并不会随着我们意志的改变而转变，有些现实让人安心和快乐，让人想要沉浸其中，但也有些现实给人带来不适感，让人下意识地想要回避或者逃离，甚至否认发生的一切。

当然，短暂地远离现实是调节情绪的一种方法，可以让我们接近窒息的心理空间得到一丝喘息。但如果这个时间过长（比如超过两周①），就可能会让我们逐渐丧失处理当下困境的一系列能力，比如正确理解人和事物的能力、情绪承载能力和压力互动的能力，等等。在这样的情况下，一旦被迫需要面对超出自己承受

---

① 两周是在心理咨询中常常用到的时间参考单位，它是一个人表现稳定性或某种稳定的变化可参考的最小时间单位，其在本书中的出现频率也较高。

上限的现实，你就可能会经历较为剧烈的心理崩溃和内在秩序的突然瓦解，甚至出现躯体化反应，比如心悸、恶心或无法缓解的头痛等。

这里要重点说明一下，如果你所处的环境已经严重影响到你的身心健康，比如连续两周以上在生活规律、学业或事业上受到了无法控制的较大影响，那么这种情况就超出了本书的讨论范围，即超出自我帮助和成长的范围。这时，你一定要及时寻求专业的帮助。

在微调自我规则的同时，配合使用重复描述现实的方法，可以帮助我们保持和所处环境或人际关系的基本稳定性，进而争取到更多的成长时间和空间。这个方法的使用规则是：试着不带情绪地描述当下经历的内耗困境；阅读已经完成的描述，微调那些读起来仍带有情绪的表达，让最终的描述[1]更接近客观现实。

此处仍旧以小 A、小 B 和小 C 的案例为大家展示这个部分的练习。

假设小 A 提到的小事是朋友临时取消了和自己一起外出就餐的约会。小 A 的客观现实：周末时，我的好朋友和我约定今天中午一起去一家美味的餐馆吃饭，但在我已经出发之后，对方发

---

[1] "描述"这个方法在本书中出现的频率很高，在此进行特别说明。本书中的"描述"指的是按照时间、地点、人物、起因、经过和结果的结构方式进行表达，实际运用时无须严格按照这个顺序，也不一定所有信息都要涉及，本方法主要强调的是一种不过度带入主观色彩来进行表达的状态。

来了取消约会的信息。因为这件事，我在地铁上不由自主地哭了起来。

小 B 的客观现实：晚上快零点的时候，我在伴侣已经睡觉的情况下，叫醒对方和我一起讨论前段时间因洗碗事件而引发的争吵。起初伴侣还在和我平静地沟通，但随着对方因意渐增和我情绪逐渐激动，两人的沟通演变为争吵。随之而来的"冷战"，让我在"向对方道歉"和"受到委屈希望对方来安慰"中来回摇摆。

小 C 的客观现实：相比于独立工作，在和同事协作的时候，我会更紧张，进而导致我在理解对方的工作信息时出现偏差，没能在交付工作时达到对方的预期。

这个部分的练习可以以书写的方式进行，完成之后可以复述给自己听，或者可以用语音记录并回听，以感受客观现实。这个过程一方面可以帮助我们看到真正的客观现实，从而消除客观现实在长期的想象中可能带来的过度的负面影响，另一方面也是非常实用的自我接纳的方法。

将"微调自我规则"和"重复描述现实"这两个方法合并在一起，能够在短时间内对"卡壳的零件"进行有即时效果的调整。在这一节中，大家只需按照上面的要求分开进行练习即可。在最后两节，我们会一起对这个方法进行整体的系统练习。

放手，让"齿轮"自主运转

内耗，实则还是一场关于控制的博弈。 当我们希望人或事物按照自己的意愿发展，但最终没能实现的时候，就会体验到一种**掌控失败所带来的挫败感**。

那么，可以预料的是，在克服内耗的过程中，这种掌控欲难免会时不时冒头，使得"克服内耗"这件事本身也让人觉得内耗。

因此，"齿轮"临时修复法的最后一步，便是**试着放开控制的双手，让自己的意识"齿轮"自主运转，并给予它力所能及的信任**。

再次请出我们的三位朋友——小 A、小 B 和小 C，一起完成最后一个步骤。

先来看看小 A 该如何放手。

首先，小 A 需要用尽量客观的方式回顾已经发生的现实。

周末，我的好朋友和我约定今天中午一起去一家美味的餐馆吃饭，但在我已经出发之后，对方发来信息取消了约会。因为这件事情，我在地铁上忍不住哭了起来。

然后，明确在这个现实中，自己的内耗卡在了何处。

只有发生大事时，我才勉强允许自己流泪。所以，当自己因为一件小事哭泣时，我觉得违背了自己之前制定的规则，于是开始内耗。

接下来，需要回顾自己对于卡壳的"齿轮"已经做出的调整（小 A 选择了第二节中的调整方案 b）。

所有让我哭泣的事情，可能都不是可以轻易忽略的小事，只是我还不知道这件事情背后真正的意义是什么。但不管怎么样，我要允许自己哭泣，待平静下来后，再去思考究竟发生了什么。

以上步骤都按顺序完成后，最后是至关重要的一步，需要借助我们的身体来完成。

- 找一把舒适且有靠背的椅子，以放松的姿势坐在上面。
- 交叉双手，托住后脑勺，同时上半身微微向后倾斜，靠在椅背上，确保感觉到头部被双手安全且稳固地承托住即可。
- 闭上眼睛，在脑海中想象这样一个画面——下次再遇到类似的内耗事件时，那个用调整后的规则来面对内耗的你所呈现出的样子。在想象完毕后，进行 10 次缓慢的深呼吸，然后缓缓睁开眼睛。

小 A 想象的画面可能是：

朋友临时取消了我期盼已久的约会，在看到消息的瞬间，我忍不住流眼泪了。我让自己没有心理负担地哭了好一会儿。哭完之后，我平静了许多，并意识到眼泪背后是曾经没有解决的一个问题，也许那个问题才是需要我关注的，而不是眼前朋友爽约这件事。当我这样想的时候，我回复朋友"好，那下次再约"，然后就不再纠结了。

你也许会想，曾经未解决的问题是什么呢？要怎么解决呢？不要着急，在后面的章节中，它们将会是讲述的重点。在本节所介绍的临时方法中，我们不对此展开讨论，**请暂时把它们放在一边，真正怀着对自己的信任，去体验放手让自己的意识"齿轮"自主运转的状态。**

关于小 A 的演示完毕。大家如果理解起来没有困难，那就可以结合自己的真实情况进行练习了。如果还不太熟悉也没关系，接下来再分别看看小 B 和小 C 是如何放手的吧。

小 B 回顾已经发生的现实如下：

我在伴侣已经入睡的情况下，叫醒对方和我一起讨论前段时间因洗碗事件引发的争吵。起初伴侣还在和我平静地沟通，但随着对方困意渐增和我情绪逐渐激动，两人的沟通演变为争吵。随之而来的"冷战"，让我在"向对方道歉"和"感到委屈，希望对方来安慰"之间来回摇摆。

小 B 在这个现实中，内耗的卡点是：

我确实认为犯错应该道歉，但在对方也犯错或者对方的行为没有达到我的预期的情况下，我就很难说出口，这导致我在亲密关系的沟通中很内耗。

小 B 对卡壳的"齿轮"做出的调整如下（小 B 融合了第二节中的调整方案 a 和 b）：

道歉对我来说虽然有点复杂和困难，但它仍是值得我去经历的。我会给自己一些时间，当我在心理上有一定准备时，再去体验"即使在对方做了让自己不开心的事情的情况下，我也会为自己不太合适的行为道歉"。

小 B 借助身体想象的未来画面是：

伴侣正在居家办公，我又没控制住自己，想要拉着对方聊一下昨天发生的让我不太开心的事情。不出意外地，我们又爆发了争吵，虽然我们两人都在同一个屋檐下，但直到睡觉前，我们彼此都没再说过一句话。我给了自己一些时间去思考：自己是不是又用不合适的方式挑起了一场纷争？我发现我的方式确实会扰动别人的情绪，是应该道歉的。但同时我也发现，我之所以用这样的方式，是因为在这段关系中，我觉得自己积累了很多委屈，所以想用这样的方式"报复"对方，并且引起对方的注意，让自己得到安慰。当明白这一点后，我知道这并不是一种好的方式，我会开始关注真正的问题，而不是道不道歉这个问题。于是，我准备真诚地跟对方道歉，不再纠结。

做了 10 次深呼吸后，小 B 解开了双手，心脏的位置有些温热，眼角好像也有点湿湿的，那是一种比之前更为深入地理解自己的感觉。这种感觉可以被比喻为一种心理拥抱。

我们可以这样理解这个方法的疗愈之处：**当一个人对自己有比之前更多一点的理解之后，哪怕理解的程度不是全然的、彻底的，但只要比之前多了一点，便可以释放一些压力。**

所以，"内耗"的反面是"外流"，让意识和能量从"向内压缩"逐步调整为"向外流动"。流动需要空间，而理解可以帮你争取到更多的心理空间。

现在，请大家带着这种流动的感受，最后再和小 C 一起体验一下整体的步骤。

小 C 回顾已经发生的现实如下：

相比于独立工作，在和同事协作的时候，我会更紧张，进而导致我在理解对方的工作信息时出现偏差，没能在交付工作时达到对方的预期。

小 C 在这个现实中，内耗的卡点是：

　　我一个人工作很舒适，但从客观上来说，目前这个工作确实需要团队协作来完成，这种与自己不适配的工作模式正在持续地消耗自己。

　　小C对卡壳的"齿轮"做出的调整是：

　　团队协作确实会影响我的工作表现。在满分为 100 分的情况下，我本来对自己的期待是 90 分，而实际表现是 70—80 分。但在同事普遍表现是 60 分的工作环境里，我的表现并不算差，所以我决定接受这种影响，试着和自己实际的工作表现（即 70—80 分）相处，看看会带来怎么样的改变。

　　小C借助身体想象的未来画面是：

　　再次和同事对接工作任务的时候，我整理出自己完成的部分，把各个文件压缩并打包在一起。看着 75 分的工作结果，我意识到这个结果已经是我在目前的工作环境中可以取得的不错的成绩了。虽然我难免还是会想到，如果是自己一个人工作的话，就能有更多的不被打扰的空间和自由发挥的思路，但那种完美的情况并不会出现在这个工作环境里。基于对自己和工作环境之间关系的理解，我按下了发送键，把打包文件发送给了对方。

　　小C在做到第 7 次深呼吸时，突然觉得这个未来的画面中还是少了点什么，于是暂停深呼吸，又回到刚才的想象中，继续补充：

接受不够完美的自己，还是会消耗一些能量，所以在把文件发送出去之后，我会做一些能够给自己带来能量的事情来补偿自己，比如买一杯自己之前就想喝的饮品，或者买一本自己收藏夹里的好书。

想到这里，小C终于可以安心地重新投入10次呼吸中了。在双手撑托之下的脑袋里，小C的思绪被支持感包裹，让其感到安全和踏实。

在这里，我通过小C的故事，对最后一个步骤的方法进行重要的补充，那就是，当想象的画面无论如何都无法让你感到安心和满意时，请不要着急，你可以给自己更多的时间再次回到这个画面，对其进行调整和更新，直到自己达到完全放松的状态。

只有感觉到真正的安全，我们才能将双手解开，所以"齿轮"临时修复法的最后一个动作，便是具有象征意义地解开双手。通过借助身体切实去感受这个动作，从而让我们的精神世界得到具象化的安抚。

至此，"齿轮"临时修复法就全部介绍完毕了。大家的双手解开了吗？哪怕只是短暂地解开了，也是了不起的成就。如果你解开双手还有点困难，那么可以查看下一节中的表1-1，该表把方法整合在了一起，并在其中增添了降低难度的小设计，方便大家反复练习和记录。

从现实出发：卡壳、调整与放手

在前三节中，我带大家分步骤拆解了"齿轮"临时修复法的练习流程。现在，请大家试着独立进行一次完整的自我练习吧！先来了解一下这个方法需要大家做的准备工作，完全没有复杂的要求，请不要担心。

1. 准备工作

(1) 练习工具

纸、笔或电子设备；一把有靠背的椅子。

(2) 练习时间

如果想要进行一次完整的练习，就需要预留半小时。如果专注半小时对你来说有较大的挑战和困难，那么每次完成至少一个步骤即可，也就是每次预留大约 7 分钟。

(3) 练习素材

一件令你陷入内耗的事情（无论是刚刚发生的还是历史久远的，都可以），且这件事代表的类型常常出现。

(4) 练习的起始状态

在任何时间、任何地点，处于任何心情之下，你都可以尝试使用这个方法。

(5) 设计终止动作

在练习心理方法的过程中，常常会出现一个特点：你可能在意想不到的环节，产生无法预测的情绪波动，那么能够提前准备好一个适合自己的终止动作，便是对自己的有效保护。

这个终止动作原则上可以是任何肢体动作，只要你能够轻易做出这个动作，并在情绪有波动的时候能够轻松回忆起来即可，比如踱步或者自我拥抱。大家可以自行设计，没有任何限制。

如果想不到任何动作，那么你可以直接使用上文"放手"步骤中的动作——双手交叉置于脑后。当你产生自己似乎无法承受的情绪时，请记得做出这个动作来终止该情绪，同时为自己提供心理支持。

2. 表格填写

表 1-1 是一张"齿轮"临时修复表，请认真填写。

表 1-1 "齿轮"临时修复表

步骤	练习说明	备注
描述现实	• 回顾一个已经发生的现实事件 • 所选取的事件应具备所属类型反复出现且具有代表性的特点 • 这类事件常常给你带来内耗感 • 用叙事的方式记录下来	

（续）

步骤	练习说明	备注
练习： 找到 卡壳之处	• 揪出这个事件中，你觉得不匹配、相互冲突的两个因素 • 这两个因素往往分别体现为"自我规则"和"现实结果"，即理想自我和现实自我	
练习： 调整 "齿轮"	• 针对在上一步骤中所明确的"自我规则"进行适度微调 • 不必局限于特定的调整方式，只要能使这一原则产生任何一点松动，都可视为有效的调整	
练习： 安全放手	• 找一把舒适且有靠背的椅子，以放松的姿势坐在上面 • 将双手交叉，托住后脑勺，同时上半身微微向后倾斜，靠于椅背，确保感觉到头部被双手安全且稳固地承托住即可 • 闭上眼睛，在脑海里想象这样一个画面，那就是"下次再遇到类似引发内耗的事情时，那个用调整后的规则去面对内耗的你所呈现出的样子" • 想象完毕后，进行 10 次缓慢的深呼吸，然后缓缓睁开眼睛 • 最后，将想象的画面记录下来	

练习：

（注：如果单纯依赖想象来构建画面有点困难，可以先在此栏将想象的画面记录下来，然后再闭上眼睛在脑海中想象。）

注：

1. 在"安全放手"步骤中，如果在深呼吸期间，脑海中浮现出对想象画面的补充，可以随时停止深呼吸，再次回到想象画面环节，不过要注意的是，当重新回到深呼吸环节时，还是要从第一次深呼吸开始。

2. 备注一栏可供记录在练习过程中产生的问题或者引发的思考，比如，在需要运用终止动作时发生的具体情形，那可能是一个关键信息点。

3. 本方法可以反复运用，当你开始第二次运用时，就可以先来回顾上次的练习过程，然后再开始新的练习，这样会有更好的效果。

至此，便是一次完整的"齿轮"临时修复法的练习。需要注意的是，本方法虽然能够在当下帮助你在一定程度缓解内耗，同时还可以反复运用，但它终究是一个类似"创可贴"性质的临时内耗缓解法，其作用就像我们在学习任何一项技能之前所练习的基本功，能够帮助我们稳定心态，并逐渐调动心理资源，最终将其更深入地渗透到生活中的每一个第一反应中，进而从根本上消解内耗。

所以，"渗透"是关键所在。

那么，应当如何实现"渗透"呢？我将在接下来的章节中为大家展开论述。也请大家在阅读后面的章节前，至少完整地练习一次"齿轮"临时修复法，并至少成功将双手解开一次。这是在帮助大家建立自我调节基础，它将会在接下来深入的成长旅程中持续发挥助力作用。成长旅程路线如图 1-1 所示。

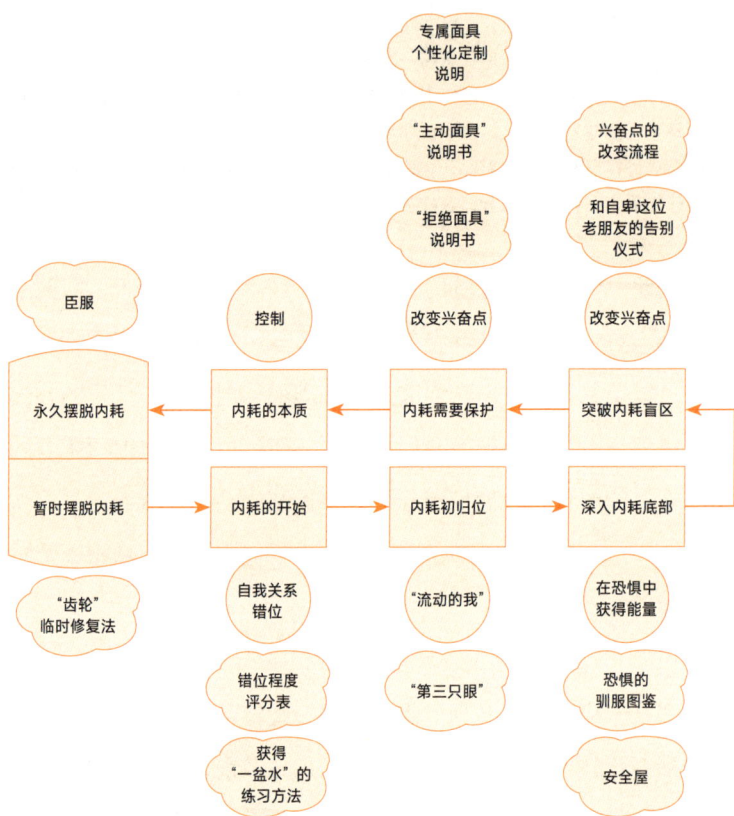

图 1-1 »　成长旅程路线

注: 圆形文本框中的内容代表在其对应的阶段需要解决的核心问题；云朵形文本框中的内容代表在其对应的阶段可以运用的工具或方法。

第二章

错位，是内耗的开始

在学习"齿轮"临时修复法后，想必大家对"错位感"已经不再陌生了。无论是第一章中小 A、小 B 和小 C 的案例，还是大家在自行练习过程中的体验，**都会不可避免地经历各种维度的错位**：诸如身处难以逃离的环境中却深感格格不入，在人际关系中总觉得自己是与众不同、略显突兀的那个，又或是常常因做不成理想的自己而暗自较劲……

每一种错位都会给我们带来不同程度的内耗，不同的错位之间还会互相影响。如此一来，我们的心理能量就会不由自主地变得四分五裂，持续处于消耗状态。倘若能够厘清在每一种错位中我们所处的位置，以及心理能量是如何被消耗的，便能够帮助我们收回这些能量，并从源头上确保内心状态的稳定性。

在带领大家梳理每一种错位之前，先引入一个值得关注的现象，我称之为"一点就着"，其内在逻辑可通过图 2-1 来直观呈现。

接下来，为大家详细阐释这一现象所蕴含的核心要点。

第一，从图 2-1 中可见，个体在没有应激事件触发的情况下，表面上看好像一切都相安无事，此状态可类比为一堆静静放置、尚未被点燃的干柴，已然处在一种潜在的、易于引发内耗的状态中，所以**内耗并不是在我们主观上"感觉到内耗"这一时刻才开**

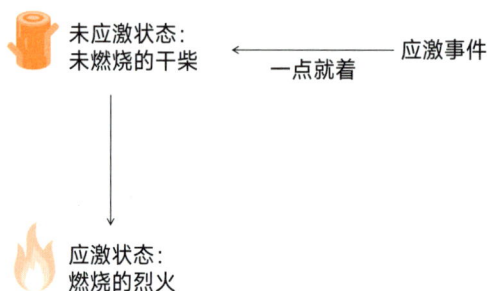

图 2-1 » "一点就着"现象

始的，而是早就已经开始了。

第二，**应激事件不一定是惊天动地的大事，很有可能是在别人看来微不足道、稀松平常的小事，但这些小事对当事人而言却有着独特且深刻的特殊含义**。而这种特殊含义能够让外界的刺激以最快的速度突破个体设置的层层防御，直达你内心深处最为敏感、脆弱的那个情绪点。

第三，**一旦情绪是以应激的方式被触发的，程度就会格外强烈，且持续时间久，并有难以消解的特点**。这里要特别注意的是，爆发的情绪并非特指愤怒，应激后的情绪可能表现为任何情绪。在这里，我想强调的是，情绪从相对平和的初始状态到高强度的瞬间爆发这一特性，可能是愤怒、焦虑，也可能是悲伤、恐惧，甚至狂喜。

对这一现象的观察与分析，其理论背景与**复杂性创伤后应激**

障碍（Complex Post-Traumatic Stress Disorder，以下简称CPTSD）[①]有着一定的关联。虽然内耗并不等同于此，但两者有很多相似的心理过程和行为表现。

　　请大家能够基于对上述现象及其相关要点的理解，跟我一起拆解生活中的种种错位。

[①] 根据世界卫生组织发布的《国际疾病分类第十一次修订本》（ICD-11）中的定义，复杂性创伤后应激障碍是一种在暴露于一个或一系列具有极端威胁性或恐怖性质的事件后可能出现的障碍，最常见的是难以或不可能逃脱的长时间或重复性事件。

内在和环境错位：格格不入中难寻公平

不内耗的环境，能让人从中感受到公平。

公平的环境往往具有以下三个特点。

- 个体的合理需求会被权威人士看到，并获得恰当的反馈。

- 无须过度自我剥削或刻意佩戴社交面具来迎合环境默认的
规则，便可顺利融入其中。

- 奖惩规则是以公认的且相对透明的能力水平、某种特质、
价值为参考标准。

相反，令人内耗的环境常常让置身其中的人萌生格格不入的
感受。个体的内耗很多时候是因为其并不认可这个环境的机制，
有以下三种表现。

- 个体的合理需求，甚至是最基本的需求，不但得不到期待
中的反馈，甚至直接被忽略或被打压。

- 为了适应当下环境的规则，个体不得不过度改变自己本来
的性格，戴上厚厚的社交面具才能在其中生存。

- 奖惩规则混乱，个体付出努力却得不到应有的结果或回报，产生了无力感。

当然，**一个环境可能让某个人感到内耗，却让另一个人如鱼得水，**这就是所谓的"甲之蜜糖，乙之砒霜"。当我们并非所处环境的规则制定者时，若要判断自己是否适合继续和这个环境相处下去，就要看自我规则和环境规则之间的错位程度。

原则上，明确自我规则和环境规则之后，人们可以依赖自己的感受去判断是否适配或者决定是否继续忍受。不过，如果仍需要明确的判断依据，请参考表 2-1，它是一种简单的参考计算方式。

表 2-1　内在和环境错位程度评分表

评分内容	评分（满分 10 分）
一、自我需求被环境满足的程度	
二、社交面具被自己喜欢的程度	
三、奖惩规则对于自己努力的正向作用	
平均分（总分 /3）	
错位程度指数（10 分 – 平均分）	

注：

1. 关于三项评分内容对应的分数设定，满分 10 分代表着在每个条目下对于自己来说所能达到的最理想的状态，而 0 分代表在自己认知范围内可能发生的最糟糕的情况（如果你感觉情况实在太恶劣，甚至可以打负分）。分数间隔的最小单位是 0.5 分，比如认为 5 分稍低，但 6 分又略高，就可以给出 5.5 分。

2. 在错位程度指数一栏，如果分数小于等于 4 分，说明内在和环境之间的错位程度基本合格（4 分是临界点，代表虽然不太满意，但在自己能够承受的范围内。分数越低，意味着错位程度越低，即对于内在和环境之间的关系越满意，内耗程度也就越低）。如果大于 4 分，说明环境给自己带来的内耗程度已经需要引起警惕，因为这意味着在没有外界环境明显事件的刺激下，你已经可能处在"一点就着"现象中的"未燃烧的干柴"的状态，这时任何小事都可能点燃你的情绪系统，引发"爆炸"。而且，分数越高，意味着内耗程度越高，"爆炸"规模也就越大。

3. 这是一个基础表格，大家如果想要更精确的计算结果，还可以给每项评分内容进行权重分配，比如有些人更在意奖惩规则，那么这部分的权重就可以占到 60% 以上，但也有人更重视社交面具，那么这部分的权重则可占到 70% 以上。在这种情况下，相应的分数在计算平均分之前还要增加权重的计算。

4. 除了自行增加权重分配，还可以增加评分的内容，每个人对内在和环境之间的关系都有独特的考量，不用拘泥于已经给出的条目。

5. 环境的范围很广，大到学校、公司，小到家庭、宿舍，都属于环境的范畴。

　　小 C 的情况属于典型的环境内耗的案例（参见第一章第一节）。通过表 2-2，我们来看看小 C 的内在和环境错位程度评分表中的各项分数。

表 2-2　小 C 的内在和环境错位程度评分表

评分内容	评分（满分 10 分）
一、自我需求被环境满足的程度	5
二、社交面具被自己喜欢的程度	5
三、奖惩规则对于自己努力的正向作用	8
平均分（总分 /3）	6
错位程度指数（10 分 - 平均分）	4

下面为大家一一拆解小 C 的各项分数是如何得来的。

- 小 C 的自我需求是期望能够有更多时间独立完成任务，但目前所处的工作环境的特点就是需要大家共同协作，很显然公司不可能因小 C 的个人需求而改变整体的工作方式。鉴于此，小 C 的满意度一直低于及格线，故在第一项上给了 5 分。
- 因为自我需求不能被满足，所以小 C 需要被迫戴上社交面具，来尽可能地呈现出一副乐于协作的样子，这对小 C 来说也是不够满意的，故在第二项上同样给了 5 分。
- 不过小 C 在看到第三项标准时，突然意识到，虽然自我需求和社交面具都让自己产生了不满和痛苦的感受，但公司给自己支付的酬劳倒是让自己相对满意，自己对工作的贡献也能够体现在绩效评分和奖金回报上，所以在这一方面，小 C 可以给出 8 分，甚至有想给出 9 分的冲动。

综上，小 C 的错位程度指数是 4，按照评分表的说明，虽然内在和环境之间的错位程度还在可接受范围内，但情况不容乐观，正处在岌岌可危的临界点。这其实是很多人在某个环境中产生内耗的真实写照。

为什么你频繁置身于让自己陷入内耗状态的环境中，却又难以脱离呢？ 原因就在于，当你放大了某一个内耗因素的重要性时，往往容易忽略这个环境同时给你带来的其他价值的收获。唯有当你将二者真正放在一起考量时，才会意识到自己的确有不想离开的关键理由。只是当你处在不适的状态中时，大脑会习惯性地将注意力聚焦在那些导致这种不适状态的因素上，但这种带有选择性的关注显然不能呈现事情的全貌。

如果你在计算后发现，自己内在和环境之间的错位结果确实不在自己能够承受的范围内，分数甚至高达 9 分，那么这便是一个强烈的信号，意味着你需要开始考虑离开当前环境了。

如果你的结果像小 C 一样，错位程度在自己能够承受的范围内，那就暂时可以不用考虑离开之事。接下来，你要做的就是为自己准备"一盆水"，以便在自己"一点就着"的当下浇熄火苗，或者至少能够控制火势的蔓延。这将成为你在这个环境中的生存之道。具体的方法见表 2-3。

表 2-3　获得"一盆水"的练习表

步骤	练习说明	备注
一、记录"一点就着"的场景	至少连续记录两周的时间 凡是符合"一点就着"现象的场景，全部记录下来	
练习：		
二、确定核心场景	从步骤一记录的场景中，挑选出频繁出现的重复场景或相似场景 而后锁定一个场景作为核心场景	

（续）

步骤	练习说明	备注
练习：		
三、回忆已知能量	回忆在应对步骤二中的核心场景时曾经奏效的方法，哪怕只发挥过一点微弱的作用，也不可忽视	
练习：		
四、形成"一盆水"	• 找一把舒适且有靠背的椅子，以放松的姿势坐在上面 • 将双手交叉，托住后脑勺，同时上半身微微向后倾斜，靠于椅背，确保感觉到头部被双手安全且稳固地承托住即可 • 闭上眼睛，在脑海里想象这样一个画面，那就是"下次再遇到核心场景时，主动使用曾经奏效的方法应对"的画面 • 完成后，继续想象"一团熊熊燃烧的烈火，被一盆水浇灭"的画面 • 想象完毕后，进行 10 次缓慢的深呼吸，然后缓缓睁开眼睛 • 最后，将想象的画面记录下来	
练习：		

（续）

步骤	练习说明	备注
五、有意识地使用	• 当核心场景再次出现时，首先调动起略带兴奋的状态，将其视作一次很难得的练习机会 • 然后尝试使用自己已经预演好的那"一盆水"	

练习：

注：

1. 在"备注"一栏中，可以记录在练习过程中出现的问题或者引发的思考，比如在步骤五中，有意识地使用了"一盆水"之后，可以结合实际的感受，继续不断调整自己的方法。

2. 在步骤三中，如果完全想不到任何有帮助的方法，说明在这类问题的应对上自己可能处于过度脆弱或者无助的状态，这是需要专业帮助的信号，建议及时寻求心理咨询方面的帮助。

3. 在步骤四中，如果单纯依赖想象来构建画面有点困难，可以先在这里将想象的画面记录下来，然后再闭上眼睛在脑海中想象；另外，如果能够想到比之前更好的奏效方法，也可以在这个环节用调整后的应对方式进行想象。

[第二节]

人际关系错位：
世界上没有两种完全相同的三观

　　有时候，我们内在和环境的关系还不错，但会因为处在这个环境中的某个人或若干人而时常陷入内耗状态。在这种情况下，我们要关注的就不再是内在和环境的错位，而是**人际关系的错位**了。

　　我们常常听到这样的论调：三观一致，关系才能长久。在我看来，这句话虽然有一定道理，但实则是一句正确却略显空洞的话，因为一致的三观固然和长久的关系之间有强关联性，但就像"世界上没有两片完全相同的树叶"一样，世界上也没有两种完全相同的三观。所以，一味地**追求三观一致，可能会让我们掉入控制欲和完美幻想的陷阱之中**。事实上，美好的关系并不复杂，不需要那些烦琐的标准。**当我们觉得在一段关系中不会陷入内耗状态的时候，自然就能生出幸福感。**

　　那么，什么样的人际关系才不令人内耗呢？

　　一段不令人内耗的人际关系，会让人拥有舒适的边界感。在这样的关系中，人们不会觉得费力，它具有以下三个特点。

1. 关系中的双方对边界感范围有相对一致的认可

如果双方的边界感都很强，那么相对疏离的关系会令两人都较为舒适；如果双方的边界感都很弱，喜欢形影不离的亲近感，那么互相依赖的关系会令两人都较为舒适；如果两人的个人边界感并不相同，其中一个人的边界感是输入强、输出弱，即更期待被需要或被靠近，但不会过于主动，而另一个人则相反，是输入弱、输出强，即更喜欢主动，但不太喜欢被靠近，那么这两人的边界感范围也是契合的。

所以，双方对边界感范围的一致认可，并不意味着双方需要完全一致，匹配和契合才更重要。

2. 探究关系双方维护边界感的方式：有无相对一致的认可

有的人喜欢用情感的方式维护边界感，有的人则喜欢借助物质手段，还有的人喜欢通过解决问题的方式加以维护。同样地，有的人希望两个人维护边界感的方式是相同的，而有的人在维护个人边界感和接收对方边界感的方式上有不同的偏好，比如自己倾向于用解决问题的方式维护个人边界感，同时倾向于用情感的方式接收别人的边界感信号。

3. 关系中的双方是否有相对一致的互动素材边界

有的人对"八卦"话题更感兴趣，有的人喜欢聊兴趣爱好，还有的人喜欢探讨哲学。当然，有的人能够天南海北地畅聊，而有的人只对特定话题感兴趣。这往往又会衍生出三观的契合程度问题。需要特别注意的是，三观的契合程度不能用相似程度来简单判定，而需要考量自我价值观的偏好和互动关系中对方价值观的偏好。比如，自己一个人的时候喜欢研究心理学，但在不同的互动关系中，未必都需要讨论心理学相关话题，而是可以讨论更具关系属性的话题，如和伴侣讨论安全感或亲密感方面的话题，和朋友讨论共同爱好方面的话题……至于对方是不是一个有安全感的人，在这种情况下，就显得不那么重要了。

接下来，我们继续沿着边界感的维度，反过来审视一段令人内耗的人际关系，它具有以下三个特点。

第一，双方对边界感范围的认知不一致。这意味着在关系中已形成的边界感范围，至少令其中一方感到不适。比如，自己更偏向于保持疏离，认为"君子之交淡如水""有事说事，没事不用没话找话"的方式更舒服，而如果对方表现得过于热情，自己就会感觉个人边界被侵犯，由此便可能导致内耗。

第二，双方在维护边界感的方式方面有分歧。这意味着在一段关系中，至少有一方对于彼此维护边界感的方式感到不适。比如，两个人都很被动，希望对方主动联系自己，一旦对方主动，自己便会很积极地和对方分享；如果对方没主动联系自己，自己也就没动力向外输出。表面看来，双方维护边界感的方式一致，但双方并不舒适，很有可能在等待对方主动的过程中感到内耗。

第三，双方对互动素材感到不适。在一段关系中，至少有一方对于对方输出的互动素材感到不适。比如，即便两个人在边界感范围一致且维护边界感方式也一致的情况下，关系仍旧可能会出现令人内耗的状态，这是因为互动素材不匹配。一方很尊重另一方，但总是和对方分享抽象的、不实际的内心感悟，而另一方非常务实，不知如何回应这些抽象的话题。这种不适配的状况也会造成人际内耗。

人际关系中的边界感是一个较为复杂的概念，对于上文的解析，你如果不太理解也没关系，表2-4可以给你提供明确的参考，来帮助你判断自己是否和某个人正处在人际内耗中。这里特别要注意的是，人际关系虽然代表的是至少两个人之间的关系，但你现在关心的核心问题是自己是否正在经历人际内耗，所以只需考量自己在每个维度上的感受即可。

表 2-4　人际关系错位程度评分表

评分内容	评分（满分 10 分）
一、自己对已形成的关系边界感范围的认可程度	
二、自己对彼此维护边界感的方式的认可程度	
三、自己是否满意和对方产生的互动素材	

（续）

评分内容	评分（满分 10 分）
平均分（总分 /3）	
错位程度指数（10 分 – 平均分）	

注：

1. 关于各评分内容所对应的分数设定，满分 10 分代表在每个条目下，对于自己来说所能达到的最理想的状态；0 分代表的是在自己认知范围内可能发生的最糟糕的情况（如果你感觉情况实在太恶劣，甚至可以打负分）；打分间隔的最小单位是 0.5 分，比如认为 5 分稍低，但 6 分又略高，就可以给出 5.5 分。

2. 在错位程度指数一栏，如果分数小于等于 4 分，说明自己和对方的错位程度基本合格（4 分是临界点，代表虽然不太满意，但在自己能够承受的范围内。分数越低，意味着错位程度越低，即对于人际关系的质量越满意，内耗程度也就越低）；如果大于 4 分，说明和对方的人际关系给自己带来的内耗程度已经需要引起警惕，因为这意味着在没有人际关系冲突的刺激之下，你已经可能处在"一点就着"现象中的"未燃烧的干柴"的状态，这时任何小事，甚至对方的存在，都可能点燃你的情绪系统，引发"爆炸"。

3. 这是一个基础表格，大家如果想要更精确的计算结果，还可以给每一个评分内容进行权重的分配，比如有些人更在意互动素材这一项，那么这部分的权重可能要占到 60% 以上；当然，也有人可能更重视边界感范围，那么这部分的权重可能要占到 70% 以上。在进行此类权重分配操作时，相应的分数在计算平均分之前，还需纳入权重因素进行计算。

4. 除了自行设定权重分配，还可以增加评分的内容，每个人对于人际关系都有自己独特的考量，不用拘泥于已经给出的条目。

5. 人际关系的范围很广，包括但不限于同事关系、伴侣关系、朋友关系、亲子关系等，只要你和另一个人之间产生了任何形式的互动，都属于人际关系的范畴。在涉及数量方面，原则上不加以限制，比如你和 A 单独相处的时候，关系很好，但当有 B 在场的时候，似乎三个人之间的关系就变得有些微妙、怪异，那么如果你想了解三个人关系中的内耗情况，也可以使用这个表格。不过在评估时，是以三个人同时存在的关系为考量，不考虑单独两个人关系的情况

（特别说明：三个人及以上的关系，同时也可视为一个最小单位的环境，所以也可以使用"内在和环境错位程度评分表"来判断三个人的关系所形成的小生态和自己的关系状况）。

小 B 的情况属于典型的人际内耗类型的案例（参见第一章第一节）。以小 B 为例，我们来看看其人际关系错位程度评分表中的各项分数是怎样的（见表 2-5）。

表 2-5　小 B 的人际关系错位程度评分表

评分内容	评分（满分 10 分）
一、自己对已形成的关系边界感范围的认可程度	4
二、自己对彼此维护边界感的方式的认可程度	5
三、自己是否满意和对方产生的互动素材	7
平均分（总分 /3）	5.3
错位程度指数（10 分 – 平均分）	4.7

下面，我将为大家详细拆解小 B 的各项分数是如何得出的。

小 B 很喜欢通过侵入对方边界的方式来感受"被爱"，但对方明显排斥和抵触边界被侵犯这件事，无法给予小 B 想要的边界范围。所以，小 B 对于第一项评分内容非常不满，最多只能给出4 分。

小 B 属于主动的类型，而对方是被动的类型。小 B 本身并非不认可这种组合，只是期待对方能够在自己主动的时候给予相应的关注和回应，但对方的回应方式往往更倾向于回避小B。所以，小B对这一标准的认可程度也不高，但相比于对边界范围的不接受程度，小B对于对方的被动回应方式并没有那么排斥，所以第二项分数最后确定为5分。

在未发生争执和吵架的日常相处情境中，小B对两个人之间的聊天内容非常满意，也能够感受到浓浓的亲密感。只是在每次吵架的时候，小B对于两个人互动素材的满意度就会急转直下，导致分数有所扣减，最终第三项分数确定为7分。

综上，小B的错位程度是4.7分。按照评分表的说明，这个分数已经稍微超出人际关系错位的临界值了，说明两个人的关系已经到了无法忽视内耗程度的状态，如果再不解决，这段关系可能就会走向终结。

显然，在小B饱受内耗困扰的同时，对方也通过"冷战"的方式在表达自己的不满，两个人都卡在了原地。这时，如果小B或者对方想放弃这段关系，也在情理之中，因为两个人遇到的问题已经超出了彼此能够解决的范畴；如果两人都不想放弃，那么可以求助于专业的心理咨询师，让第三方帮助两个人明确关系中的问题，共同改变。

如果小B不甘心，想要凭借一己之力改变僵持的局面，当然也有可以努力和操作的空间，只是这需要在边界感的范围和维护边界感的方式上做出较大的调整，去匹配对方的舒适区，显然这注定不容易。

每个人的边界感偏好都已经形成了很长时间，早已建立了令自己舒适的模式，且已经比较稳固，所以改变起来会有些痛苦。如果在此基础上，改变的动机不够强烈，那将无比艰难。

不过，如果改变的动机足够强烈，那也不失为一个契机，**将内耗转化为自我的二次成长**。你可以借助心理咨询，去体验另一个不同状态下的自己会如何生活。

相比于内在和环境之间难免存在必要的妥协，在人际关系的内耗问题上，我主张"关系不一定非要建立和维系"。环境本身有不可替代性过强的特点，所以和环境建立关系是大部分人选择在社会中生存的一个媒介，我们可以适当放宽对它的耐受限度。而人际关系则不同，它的可替代性给了我们充分的空间去探索和不同人的关系体验，在关系中"见自己"比"和某个人建立关系"更值得关注。一旦陷入对建立关系或维系关系的执念，人际内耗便是我们获得的表象结果，真正被消耗的宝贵资源则是自我关系（在本章第三节中会展开详细论述）。

在这种执念下，由于我们的注意力都集中在"如何和某个人建立关系"或者"如何维系和某个人的关系"等方面，因此留给自我关系的时间就非常匮乏了。如果自我关系的成长被剥夺，那么以此为代价换来的人际关系，就变得没有意义了——毕竟，当

"我"都不存在或未得到良好发展时，"关系"还有什么用呢？

　　人际关系的好坏最终窥见的是自我关系质量的高低，所以大家尽量不要把注意力放在自己和某个人的关系上，而是要关注更广泛的关系维度。不过，这里要提醒的是，如果你在梳理后发现，令自己内耗或者不满意的关系数量有点多，而且这些关系都集中在某一个环境中，那么这个时候你要停下来想一想，很有可能不是人际关系的问题，而是**内在和环境之间有问题**，这时就可以使用内在和环境错位程度评分表来重点确认一下了。

自我关系错位：
理想自我让现实自我产生幻觉

我们像剥洋葱一样，逐层揭示并分析三种重要的错位关系。最外层是内在和环境的错位，往里一层则是人际关系的错位，现在来到最核心的一层——自我关系的错位。

自我关系错位是内在和环境错位与人际关系错位的本质原因，或者也可以说内在和环境错位与人际关系错位充当了自我关系错位的导火索或者应激源。下面让我们深入谈一谈自我关系错位吧。

在我所著的另一部作品《二次成长》中提到，未成年人的心理发展阶段有五个，每个阶段都有各自要完成的任务，分别是建立**信任感等（1 岁之前）、形成自我主见等（1～3 岁）、建立责任感和价值感等（4～5 岁）、建立胜任感等（6～11 岁）以及形成自我统一等（12～18 岁）（详见第六章第三节）**。各阶段的任务若仅依靠未成年个体来独立完成，显然非常困难，往往需要成长环境中各个方面的配合和支持，如原生家庭、校园生活等。但很多时候，我们对成长中获得应有支持的期待都难以得到满足，所以在成年之时，我们会发现之前的某个阶段或若干个阶段的任务并没有很好地完成，造成了 CPTSD 或者 CPTSD 的倾向。《也许你该找个人聊聊》这本书中就提到，CPTSD 是一系列习得的反应，它意味着幸存者未能完成人生中许多重要的发展任务。

在 1 岁之前，个体如果没有完成建立基本的信任感这一任务，就会带来一系列因安全感匮乏而产生的问题，比如不相信别人和这个世界。在 1 ~ 3 岁，个体如果没有完成形成自我主见这一任务，就可能容易被羞耻感、自我怀疑等问题困扰。在 4 ~ 5 岁，个体如果没有完成建立责任感和价值感这一任务，未来在责任感和自尊感方面就可能面临挑战。在 6 ~ 11 岁，个体如果没有完成建立基本的胜任感这一任务，就很容易形成拖延症，做事也常常达不到自我期待和所处环境的要求。在 12 ~ 18 岁，个体如果没有完成自我统一这一任务，对自我的认知就可能会持续处在碎片化的状态——不知道自己是谁，不知道自己想要什么，更不知道自己未来应该做什么。

每一个阶段的任务都完美完成，是理想化的状态。而实际上，我们多多少少都会存在某些任务没能完成的情况，最终没能达到理想状态，这很正常。教科书般的成长路径并不是我所推崇的。**清楚地了解自己有哪些任务没有完成，并明确它们给自己的性格和生活带来了怎样的影响（也就是自我关系层面的影响），找到修复自我关系的方式，才是我们真正要关心的主题。**

因为有些成长任务没有完成，而给自己的性格和生活带来了影响，这是现实自我所经历的和要面对的部分。希望自己完成了那些缺失的任务，并且幻想自己拥有更完美的性格和生活，这是理想自我在发挥作用。这样的差异意味着我们已经被分化形成了理想自我和现实自我两个部分。

当没有经历外界环境刺激（比如校园暴力、高考失利等）或者人际关系刺激（比如失恋、被排挤等）的时候，我们的现实自我基本上可以保持在相对平稳的状态，不会表现出明显的内耗。而一旦在没有准备的情况下，我们进入了充满刺激的阶段，内耗就可能是突如其来的。比如很多读者或来访者在跟我反馈自己的成长经历时，都会有这样一种感触：上大学之前，一切好像都是那么简单，目标相对明确，只需要好好学习、考上大学，日子就平平淡淡地过去了，没有那么多复杂的情绪和想法。但是，上了大学之后，一切都变了，自己毫无准备地陷入了手足无措的境地，不知道怎么和室友相处，不知道怎么处理亲密关系，也不知道所学专业和未来发展之间的关系是什么。

表面上看起来，这些困扰可以算作环境内耗或者人际内耗，但更本质的原因其实是自我关系错位带来的内耗。在环境或者人际关系的刺激之下，内耗显得格外棘手，无法被忽略。当现实自我遇到了刺激源之后，得到了一个糟糕的结果，往往理想自我是不能接受的，认为这不是自己应该得到的结果，于是出现了认知失调①。

在认知失调的状态下，人是非常不舒服的，因为难以做出任何选择，继而无法采取行动，被卡在原地。当现实自我和理想自我发生冲突的时候，如果你认同理想自我，那么面对失败的结果，你是无法理解的，心中会产生"我不应该经历这些，为什么会这样呢"的困惑；如果你认同现实自我，那就意味着要承认自己不是理想中的样子，而是能力不足的、糟糕的自我，这同样是一种令人崩溃和无法承受的结果。

相比于内在和环境错位以及人际关系错位，自我关系错位的形成过程相对复杂一些，我总结成了一张"自我关系错位的形成过程"路径图（见图 2-2），方便大家理解。

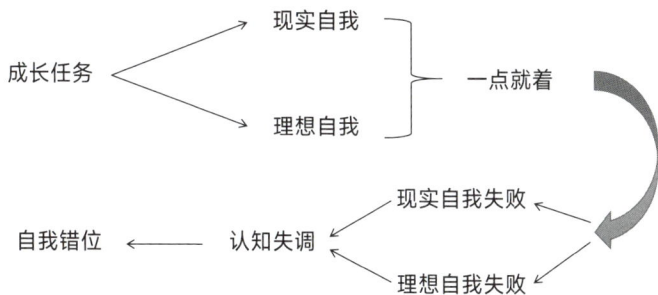

图 2-2 » 自我关系错位的形成过程

① 认知失调是指，一个人的行为与自己先前一贯持有的对自我的认知（通常是正面的、积极的自我认知）产生分歧，从一个认知推导出另一个与之对立的认知时，所产生的不舒适感或不愉快的情绪。

因为成长过程中的某些任务没有完成，导致自我分化成两个部分，分别是现实自我和理想自我。当现实自我受到外界刺激时，会产生应激反应，遭遇挫败感。与此同时，由于理想自我无法接受现实自我的失败，因此进入失控状态。现实自我和理想自我的冲突，让自己陷入认知失调，进而造成自我关系错位，最终产生内耗。

根据心理成长任务的完成标准，我为大家设计了自我关系错位程度评分表（见表 2-6），现在可以借此来审视一下你和自我的关系目前处在什么阶段。

表 2-6　自我关系错位程度评分表

评分内容	评分（满分 10 分）
一、对自己愿望可实现性的相信程度	
二、自由选择或放弃的决心程度	
三、追求有价值目标的勇气程度	
四、做事情时的胜任力	
五、在确认自我身份时的平静程度	
平均分（总分 /5）	
错位程度指数（10 分 - 平均分）	

注：

1. 关于 5 项评分内容对应的分数设定，满分 10 分代表着在每个条目下对于自己来说能想象到的水平，0 分代表的是在自己认知范围内可能存在的最糟糕的情况（如果你感觉情况实在太差，甚至可以打负分）。打分间隔的最小单位是 0.5

分，比如认为 5 分稍低，但 6 分又略高，就可以给出 5.5 分。

2. 在错位程度指数的位置，如果分数小于等于 4 分，说明自我关系整体处于和谐融洽的状态（4 分是临界点，代表虽然不太满意，但在自己能够承受的范围内，分数越低，意味着错位程度越低，即对于自我关系的质量越满意，内耗程度也就越低）。如果大于 4 分，说明自我关系带来的内耗程度已经需要引起警惕，因为这意味着在没有外界环境和人际关系冲突的刺激之下，你已经可能处在 "一点就着" 现象中的 "未燃烧的干柴" 的状态，那么自己身上的任何微小变化都可能点燃你的情绪系统，引发 "爆炸"。

3. 自我关系错位程度的评分标准相对比较固定，大家无须再进行调整，当然如果你认为有重要的标准没有被涵盖在这几项评分内容中，也可以自行设计。

　　小 A 的情况属于典型的自我内耗类型的案例（参见第一章第一节）。以小 A 为例，来看看其自我关系错位程度评分表中的各项分数是怎样的（见表 2-7 和表 2-8）。

表 2-7　小 A 的自我关系错位程度评分表（一）

评分内容	评分（满分 10 分）
一、对自己愿望可实现性的相信程度	5
二、自由选择或放弃的决心程度	6
三、追求有价值目标的勇气程度	6
四、做事情时的胜任力	7
五、在确认自我身份时的平静程度	4
平均分（总分 /5）	5.6
错位程度指数（10 分 - 平均分）	4.4

表2-8 小 A 的自我关系错位程度评分表（二）

评分内容	评分（满分10分）
一、对自己愿望可实现性的相信程度	5.5
二、自由选择或放弃的决心程度	6.5
三、追求有价值目标的勇气程度	6.5
四、做事情时的胜任力	7.5
五、在确认自我身份时的平静程度	4.5
平均分（总分/5）	6.1
错位程度指数（10分 – 平均分）	3.9

大家可能会好奇，小 A 为什么会有两个版本的评分表呢？

我们先来看版本一。小 A 对自己评分最高的就是第四项评分内容，也就是自己在做事情时的胜任力，给出 7 分，这也让小 A 更重视能力的提升。对于第二项评分内容和第三项评分内容，小 A 都给出了 6 分，是一个还算自我满意的分数。这三项评分内容都比较依赖能力，只要是和能力挂钩的部分，小 A 都有一定的信心。但是在内心更深处，小 A 对自己是否能够拥有理想的未来（第一项评分内容）是不那么坚信的。因为未来充满未知，是否能实现愿望并非完全取决于能力，所以在进行自我审视时，小 A 发现自己对未来的信心只有 5 分。

对于小 A 来说，是否允许自己哭泣只是表象问题，真正的问题是，小A不知道在面对自己能力不足的情况时，要怎么和自己相处，所以极力想避免这一状况的出现。在这样的情况下，小A很难有勇气真正去审视自己究竟是一个怎样的人（第五项评分内容），目前只能给出4分。在当下，小A的确处于自我关系错位水平超出临界值的状态，这就意味着哪怕是独处的时候，小A的内心也很难平静下来，因为自我关系是无法逃离的。

我们再来看版本二。我们会发现一个有意思的地方，如果每项评分内容的评分都比当下的状态高出0.5分，那么整体的错位程度就能降到4分以下，也就是说，在这种状态下，内耗不会明显干扰自己的生活。这也是该评分表的另一个妙用——**也许做出一个惊天动地的大变化很难，但想要提升0.5分并没有那么困难**。我们可以试试在每一个方面努力去提升0.5分，就能让自己产生质的变化。或者，你也可以选出一项你觉得最有把握的标准，只在那个方向上深度提升，你同样能够感受到整体的质的变化。

自我关系是一切关系的基础，它有两个非常重要的作用。

1. 更有效地修复根本问题

在心理咨询中，我们常常会说"心理咨询师是来访者的一面镜子，可以照出来访者的样子"，心理咨询师也会在这个过程中尽量保持真诚并坚持去评价化原则，让来访者感到安全，能放心地去探索自己。

　　其实，这并不是只在咨询情境中才会有的体验。我们身处的任何关系都可能是一面镜子，和咨询情境的区别可能在于其安全程度。在咨询过程中，心理咨询师会尽量保证来访者心理感受的安全性，但是在现实生活中，我们面对的关系会有更多挑战甚至危险。但我们并没有必要追求绝对安全的环境，如果你的心理困扰没有严重到影响生活，那么日常生活中的人际关系就是很好的自我成长素材。

　　当你在人际关系中遇到了各种各样的问题时，如果关系中的对方没有明显的人格问题或人品问题，那么可以先看看在这个过程中，你在自我关系方面是否遇到了一些困难。比如，当你发现自己和朋友讨论意见相左的话题时总是会闹得不愉快，可以先考量一下是不是因为自己在这些特定话题上有明显的应激反应。如果有，那就说明即使这位朋友和你在某个话题上有相同的看法，你的应激问题也是存在的，只是没有被激发出来。那么，这样的人际冲突就非常有意义了，它们能够帮助你看到自己的成长盲区，然后通过修复自我关系，来获得更有质量的人际关系。

　　这里需要注意区分有应激的冲突和没有应激的冲突。前者的明显表现是，你在冲突发生时产生的情绪反应是瞬间爆发的，参考"一点就着"的现象。与此同时，身体层面也会出现相应的强烈反应，会感觉在被情绪"撞击"，而不是"触碰"。有时候应激水平过高时，似乎还需要马上讲出一些夸张的言语，或做出一些过激的行为来释放这种情绪，比如把对方的联系方式拉黑、说脏话、摔物品等。后者的表现是，你的情绪以较为缓慢的速度浮现，而且身体层面的表现不明显，情绪和事件本身的严重程度是相匹配的。你会觉得这种情绪是脑中出现的一个念头，是一种"哦，这个情绪来了"的平和认知，而不是"啊，天哪，我受不了了"的激烈反应。不过，情绪的强烈程度最终还是要通过参照自己的一般状态来对比冲突下的状态，并没有绝对固定的标准。**当你的心里产生一种"这不是我"的感觉时，极有可能就处在应激状态中。**

　　另外，还要注意的是，如果你发现对方有人格问题或者人品问题，那么不管自己是否有应激反应，都要先远离这段关系，保护好自己。这种情况可不是进行自我反思和追求个人成长的好时机。

2. 帮你准确识人

　　当你和自我构建起比较高质量的关系时，你能够很明确地区分出哪些是自己的问题，哪些是对方的问题或者外界的问题。基于这样的自我认知，当遇到人际冲突时，你就能较为准确地判断出对方是怎样的人。当你处在应激水平下的时候，很多事情的发展和走向都是无法预料的，可能别人受到你的影响后说了一些话、做了一些事，但这些未必能代表对方真实的想法和原本的行为表现。然而，当你并未处在应激状态下的时候，对方的表现就不会被你严重干扰，并且更有可能呈现出原本的样子。

不过，在识人的过程中，切忌以己度人。比如，以自己在某种情况下的思考方式和内心感受为依据，认定别人应该也是相似的，这就叫以己度人，即完全把自己当成标尺去评判别人和外界，很多误会就是因此产生的。

我们在这里讨论的"识人"，指的是当你把自己在一段人际关系冲突中所产生的影响降低到正常水平时，一方面你有更多的心理资源来做出理性判断，另一方面对方的表现更接近其本来的样子，而不是被你的应激反应干扰后的样子。很多冲突之所以在最后导致关系破裂，正是双方的应激反应之间互相激化的结果，这就失去了用真实的自己与对方相处的机会。

在我看来，自我关系是你永远可以回去的"家"，在外面遇到任何问题都可以回来向自我关系求助。当你为自我关系提供足够的心理资源时，你就有能量再回到现实生活中去面对困难和挑战了。当然，现实生活中并不是只有困难，你可以带着足够的安全感和配得感去享受现实生活中的幸福体验。

错位了？那归位就好

也许你的内耗形式是单一的，主要表现为环境内耗、人际内耗或自我内耗中的某一种。不过更常见的情况是，**内耗一旦出现，往往会在这三个维度上都有所表现，只是就个体而言，其表现的程度和重要性不同**。所以，在大方向上，我可以给大家提供一些小贴士，以建立自我成长的基本认知。

我们可能会在不知不觉中慢慢地离想要成为的自己越来越远，但我希望大家知道的是，**错位了也没关系，它是一种人生常态**。而"错位"有"归位"举措来应对，下面我为大家提供整体思路。

表面问题优先

也许你会好奇，既然已经知道内耗的根本原因在于自我关系的错位，那直接从自我关系的问题开始解决不就好了？话虽如此，但改变并不如我们期待中的那般简单直接。

自我关系是深入且复杂的，穿过层层表象直达问题源头的难度是超乎想象的。我们有了改变的目标和动力固然是一方面，但也要给自己提升能力的时间。所以，我建议先从表面问题切入，也就是从内在和环境错位或是人际关系错位开始，具体错位程度可以参照各评分表的分数。

解决了表面问题之后，你可以再决定是否要继续深入。这里所说的"解决"并不是让你完全消除错位（让错位分数降至 0 分），而只需要让你的分数降低至 4 分即可。表面问题终究是表面问题，如果不解决本质问题，未来还是会重蹈覆辙。所以，在我们把表面问题解决到不严重影响生活的程度后，便可以节省心理资源，更快进入自我关系的维护阶段了。

不过，如果你和环境及人际的关系本身就处在不错的状态（错位分数小于等于 4 分），唯一的内耗就是和自己较劲的话，那么自然可以直接从自我关系开始了。

是否需要专业求助

如果将错位评分表作为参考，错位分数小于 7 分，就可以尝试自主进行成长和改变了，你现存的心理资源足够支撑这个过程。但如果错位分数大于等于 7 分，说明你的错位程度已经超出了自己能够掌控的范围（或者也可以不参考分数，直接去感受现实生活带来的影响是否让自己产生了失控感），这可能就是需要寻求专业帮助的信号，你需要在心理咨询师的帮助下，更安全地进行成长和改变。

　　关于自助改变的方式，希望大家首先体验一下上文介绍的获得"一盆水"的练习方法。这个方法在应对三种错位时都可以使用，能够帮助我们初步缓解高强度的应激反应。大家最好能至少成功练习一次此方法，因为这真的是一个很有效的热身训练。

　　当我们能够将应激反应控制在适当的水平后，首先内耗感能够降低一些，其次就又置换出了一些心理资源来助力接下来的成长旅程。

第三章

归位，回到"流动的我"

无论是哪个层面的错位，都代表那个层面的自我模式出现了一定程度的僵化，限制了自己的心理潜力。当"错位"被"归位"后，僵化的部分就会变得松软、灵活，最终流动起来。**流动的自我是消解内耗的能量来源**。

想要获得"流动的我"，就需要用"第三只眼"，照顾好恐惧和焦虑这对"双胞胎"，尤其要驯服恐惧这只生于创伤的小野兽。

这些词汇听起来是不是都非常陌生？不要着急，接下来你将会和它们变得非常熟悉，尤其是"流动的我"和"第三只眼"，它们将陪伴你走过接下来的成长之路。

使用你的"第三只眼"

　　精神分析技术中有一个术语叫"均匀悬浮注意",意思是在心理咨询过程中,心理咨询师要一直有"第三只眼",让其悬浮在咨询室的空中。大家可以想象一下,在咨询室中,两个人在对话,一个是心理咨询师,另一个是来访者。在心理咨询师接待来访者的当下,他们同时会分离出"第三只眼",游荡到咨询室的上方,观察咨询师和来访者之间的互动。这个技术主要用来帮助心理咨询师确认自己在咨询中的状态是否足够专业,同时还能够帮助心理咨询师收集到更多的非言语素材,比如咨访关系的动力和情绪等,有助于缩小心理咨询师自我感知和客观现实之间的误差。

　　我发现,这个技术不只可以应用在咨询工作中,也可以在日常生活中用来观察自己和外界的互动。于是,我将它进行了改良,让其能够融入我们的归位过程中。这是归位过程中非常关键的一种方法,**它的主要功能是可以不断缩小自我感知和客观现实之间的误差,帮助理想自我和现实自我实现融合,使其不再处于分裂状态。**

　　在练习"第三只眼"之前,你要确保自己至少已经成功练习过一次获得"一盆水"的方法。因为在情绪波动过于强烈的情况下，练习"第三只眼"会比较困难。获得"一盆水"的方法可以让你在情绪发生的当下向平静靠近，但仍旧处在当下的情绪中。在这个时候调动出"第三只眼"是最佳时机。因为如果情绪较为激烈，那我们就没有剩余的心理资源去做其他事情了，而如果情绪已经平复，那注意力可能就分散在了其他地方，很难捕捉到足够有价值的信息。

"第三只眼"的练习分为两个阶段：**非当下阶段和正当下阶段**。非当下阶段指的是情绪未发生的其他任意时间，正当下阶段指的是情绪正在发生的现场时刻。

1. 非当下阶段"第三只眼"的练习方法

非当下阶段属于初级阶段，虽然收集到的信息不如正当下阶段那么丰富，但易于进行起步阶段的练习。等较熟悉这个过程之后，再进行正当下阶段的练习。

(1) 步骤一：还原画面

在获得"一盆水"方法（见表 2-3）中的步骤四中，已经涉及"还原画面"的部分体验，如果大家在进行获得"一盆水"练习时感到困难，那么可以重点练习一下这个步骤。

不借助任何工具，单纯在脑海中回忆某个令你内耗的情景，这个情景需要达到的效果是，可以在你的脑海里像电影一样呈现出来。如果你无法在脑海里想出这样的情景，那么还可以用替代性的方式进行，比如用文字描述、用画笔绘出，或者用声音口述录制下来进行回听，等等。

(2) 步骤二：增加第三视角

当我们进行步骤一的时候，大部分情况下都是用第一视角来进行回忆的，这是我们的本能。而本步骤的练习重点就是，在你还原的画面中增加一个第三视角（如果在步骤一中，你本身就是用第三视角进行回忆的，那么恭喜你，这个步骤对你来说就可以省略了）。

请直接想象自己的灵魂飘到了空中，用俯视的视角观察还原的画面，灵魂能够看到画面中自己的身体。如果想象灵魂的飘荡过于困难，那么也可以想象自己正坐在电影院中观看大荧幕上播放的画面，画面中播放的是自己的经历。

(3) 步骤三：实时评论

我们在看电影的时候，看到一些让自己有想法或者感悟的画面时，会有想要表达的冲动，也许是分析、"吐槽"或夸赞。现在我们只要把这个表达用在本步骤中，就能完成一次"第三只眼"的练习了。

原则上就是以旁观者的角度，尽量客观地评论画面中的各元素——可以是环境、人物、氛围等，可以从任何角度切入，没有限制。如果毫无评论的头绪，也可以参考第二章中的各错位评分表里的内容来进行评论，见表3-1。

表 3-1 实时评论参考表

画面分类	错位评分内容	可转化的评论内容
内在和环境	自我需求被环境满足的程度	• 画面中是一个怎样的环境 • 我对这个环境有怎样的需求 • 这个环境对我的需求是如何回应的，或者在多大程度上满足了我的需求
	社交面具被自己喜欢的程度	• 我在这个环境中佩戴社交面具了吗 • （如果有佩戴社交面具）我正在使用的社交面具具体是什么样子的，或者我有意无意地为自己打造了一个怎样的人设，我喜欢这个面具吗，这个面具给我带来了什么 • （如果没有佩戴社交面具）我是否需要佩戴社交面具，没有佩戴社交面具对我有什么影响
	奖惩规则对于自己努力的正向作用	• 这个环境的奖惩规则是什么（表面上的和实际上的） • 我的努力和这个规则之间的关系是什么，画面中的我在意这个规则吗
人际关系	自己对已形成的关系边界感范围的认可程度	• 我的边界感范围是怎样的 • 对方的边界感范围是怎样的 • 我们之间的边界感范围冲突吗
	自己对彼此维护边界感的方式的认可程度	• 当我的边界感受到影响时，我会怎样维护自己的边界感 • 当对方的边界感受到影响时，对方会怎样维护自己的边界感 • 我喜欢对方的方式吗，对方喜欢我的方式吗

（续）

画面分类	错位评分内容	可转化的评论内容
	自己是否满意和对方产生的互动素材	• 我正在分享的内容是我喜欢的吗 • 对方正在分享的内容是对方喜欢的吗 • 我们对对方分享的内容是什么态度呢
自我关系	对自己愿望可实现性的相信程度	• 我有什么愿望，这个愿望能实现吗 • 我有多相信它能实现呢
	自由选择或放弃的决心程度	• 我正在做什么选择吗 • 我为什么无法下定决心
	追求有价值目标的勇气程度	• 我有目标吗，这个目标有价值吗 • 我有勇气去追求它吗
	做事情时的胜任力	• 我正在做什么事情呢 • 我能做好吗
	在确认自我身份时的平静程度	• 在这个画面中，我看起来像是一个怎样的人呢 • 这个表现出来的自己，是会让自己平静的吗

注：

1. 这些问题仅仅是为大家提供参考，未必全部涉及。初期可选择若干对自己来说较为重要的核心条目进行练习，后续再逐渐增加。

2. 由这些问题延伸出的其他问题，欢迎大家自由发挥，"第三只眼"是属于你的，你可以自由地进行一切你想进行的观察。

2. 正当下阶段"第三只眼"的练习方法

正当下阶段属于高级阶段，练习难度较大，因为它需要你在情绪发生的当下进行观察，你的反应可能无法像期待的那般迅速。但是没关系，你可以循序渐进地进行这个练习。

练习前需特别说明的是：在练习的任何一个环节中，如果某一情况让你过于不适，请停止练习，因为这说明你的自我探索强度超出了自己能够承受的范围，你可以更换时间再次尝试练习。如果在同一环节出现了三次及以上的不适感，那么建议你及时寻求专业心理咨询师的帮助。

接下来，我分别用小 A、小 B 和小 C 的例子，带你学习如何使用"第三只眼"。

以由简到难的顺序，先从小 C 开始（案例参见第一章第一节）。

正当下阶段小 C 的"第三只眼"练习

初阶： 只带着一个问题用"第三只眼"进行观察。

问题： 这是一个怎样的环境？

小 C 又遇到了类似的让自己内耗的事。同事刚刚和自己对接一项新的工作，小 C 将"第三只眼"飘在空中，观察了这个环境。这是怎样的环境呢？"第三只眼"开始评论："在这个环境中，自己和同事正在对接一项新的工作，但没什么特别的，都在自己能够胜任的范围之内。环顾四周其余同事，有的在专注于打字，有的在办公室里来回穿梭，有的在茶水间补充水分，大家都在做自己的事情，整体氛围严肃中透着自在。"小C的"第三只眼"得出结论："这是一个大家各司其职的环境，虽然彼此之间有点距离感，但大家都挺有礼貌的，也没有出现相互刁难的情况和讨厌的办公室政治现象。这个公司规模不大，员工不超过一百人，之前总觉得这是一个巨大无比的公司，大到会把自己淹没，但今天仔细审视了一番，发现根本不像自己原本以为的那么恐怖。"

中阶：带着三个核心问题用"第三只眼"进行观察。

三个核心问题（在实际练习的时候，将"我"替换为自己的名字或者昵称会有更好的效果）：

a. 我在这个环境里的需求是什么？

b. 我是否喜欢自己佩戴的社交面具？

c. 我付出的努力能否得到期待的结果？

如果一次性探索三个问题过于困难，你也可以分若干次进行，直到探索完所有问题。

小C再次遇到了让自己内耗的事件，这次小C略显熟练地将"第三只眼"飘在空中，试图观察到更多信息。"第三只眼"一边飘着一边想：小C在这个环境里的需求是什么呢？首要的肯定是足够支撑自己生存的收入来源，以及不被频繁打扰的工作节奏。然后，"第三只眼"观察了小 C 有没有佩戴社交面具。从整体上来讲，小 C 除了在跟同事对接工作的时候会有点不自在，需要佩戴"看起来愿意沟通"的社交面具，大部分时间小 C 都能相对自在地展现真实的自我。对于短暂佩戴社交面具，小 C 也没那么反感，因为这可以让对接的过程顺利一些。最后，"第三只眼"观察了小 C 付出的努力和得到的回报之间的关系。小 C 显然是一个在自己的工作上足够努力的人，并得到了自己应得的收入。小 C 在和同事的相处上也投入了心力，虽然没有办法让工作变成一个真空环境，不和任何人接触，但小 C 通过充分利用对接的时间，把所有问题尽可能地一次性沟通明白，哪怕这会让自己看起来有些不够灵活，但后续可以省去很多麻烦，实现了自己"不被频繁打扰工作节奏"的期待。

高阶：尽可能全面地用"第三只眼"进行观察。

在高阶阶段，可以让"第三只眼"更自由地观察和评论，不用受到任何束缚。

小 C 的"第三只眼"已经不满足于只在内耗事件发生的时候进行观察了，有时候工作累了，小 C 就会靠在椅子上，让"第三只眼"随意飘浮。后来，它陆续观察到很多东西。有时候它看到小 C 和一个同事交流顺畅，但和另一个同事的交流好像有点障碍，其中差异似乎和小 C 无关，而是这两个同事有不同的性格特点，给小 C 带来了不同的影响。小 C 收到"第三只眼"传递的这一信息时，感到非常意外，也很惊喜，原来不是所有问题都和自己有关。还有些时候，"第三只眼"观察到的东西甚至和小 C 都没有直接关系，比如它发现不同的同事在茶水间停留的方式是不一样的，有的人来去匆匆，有的人则会惬意地喝上几口咖啡后再缓缓离开。小 C 对于这样的信息也兴趣盎然，原来人和人之间有那么多不同，在这样的差异之下，还能够找到互相沟通的有效途径，真是了不起。

陪伴小 C 结束练习后，我们再来和小 B 一起，帮助其使用自己的"第三只眼"。小 B 的案例（参见第一章第一节）属于人际关系错位的类型。

正当下阶段小 B 的"第三只眼"练习

初阶：只带着一个问题用"第三只眼"进行观察。

问题：两人的边界感范围分别是怎样的？

又一次，小 B 半躺在床上，本来打算跟伴侣聊两句，却发现伴侣已经一秒入睡了。看着熟睡的伴侣，小 B 很想把对方摇醒。不过，经历了获得"一盆水"的训练，小 B 克制住了想要搅扰对方睡眠的举动，并尝试调动出"第三只眼"来帮助自己看清一些事情。"第三只眼"不情不愿地飘到了卧室上方，开始帮助小 B 观察这一切，并思考床上的两个人分别设置了怎样的边界感范围。先来看小 B 的伴侣，对方的边界感很清晰，遵循着该睡觉时睡觉、该吃饭时吃饭的规律。伴侣吃饭的时候喜欢和小 B 聊聊天，但一旦躺在床上就会瞬间被疲惫感带入梦乡，大脑不再思考。再来看小 B，小 B 来到卧室准备睡觉，是不是也有些困了呢？但为什么困意没有促使小 B 立刻睡觉呢？小 B 好像想通过突破对方的边界感来确认些什么，是自己的存在感吗？还是自己的安全感呢？总之，小 B 似乎希望自己的情感需求在任何时间、任何地点都能够被自己的爱人承接住，希望两个人是完全融合、没有距离的。当"第三只眼"观察到这里时，小 B 突然打了个寒战，意识到这样的期待有点太不现实了。

中阶：带着三个核心问题用"第三只眼"进行观察。

三个核心问题：

a. 两人接受彼此的边界感范围吗？

b. 两人接纳对方维护边界感的方式吗？

c. 两人喜欢彼此分享的内容吗？

如果一次性探索三个问题过于困难，你也可以分若干次进行，直到探索完所有问题。

又是一个夜深人静的夜晚。小 B 让"第三只眼"飘在空中，虽然它也睡眼惺忪，但任务还是要执行。"第三只眼"第一个要观察的问题是"两人是否接受彼此的边界感范围"。这个问题似乎很简单，显然两人都不接受彼此的边界感范围，小 B 认为伴侣太疏离，伴侣认为小 B 太亲昵。雪上加霜的是，两人维护边界感的方式让对方更易产生负面情绪，比如小 B 会突然打扰伴侣的睡眠，而伴侣也会用不耐烦的方式来回应自己边界被打破的结果。这个时候，"第三只眼"不禁摇头叹息："唉，这两个人果然还有很多要处理的问题呢！"但当"第三只眼"观察到两人对彼此分享内容的态度时，却似乎有了不同的结论。小 B 在脑海里回忆起两人心平气和的时候，聊什么都开心，可一旦涉及情感类话题，两人就失去了甜蜜，冲突的火药味就弥漫开了。于是，"第三只眼"眼珠一转，给小 B 传达了这样的信息："你们的边界感范围和维护边界感的方式虽有不同，但如果在情绪平和的状态下，这种差异并不影响你们相处。所以，你真正要关注的是，在情绪产生时你们希望对方如何处理，也许能商量出一个解决办法。"小 B 非常感谢"第三只眼"在如此疲倦的情况下还能总结出问题的关键，这让小 B 多了一些信心。

高阶：尽可能全面地用"第三只眼"进行观察。

在高阶阶段，可以让"第三只眼"更自由地观察和评论，不用受到任何束缚。

小 B 觉得在伴侣睡着的时候启动"第三只眼"观察到的素材实在太少了，于是在更多的生活场景里，小 B 都让"第三只眼"来观察自己和伴侣的生活。结果，它产生了更多的思考。"第三只眼"发现，小 B 对自己的情绪感知比较敏锐，但对于伴侣到底有什么情绪、什么想法，却似乎知道得不多。所以，每当对方进入"冷战"状态时，小 B 就会慌了手脚，完全不知道是怎么回事。这对小 B 来说是很重要的发现，关注自己的情绪固然重要，但完全忽略对方的情感世界，是不是也会影响到两个人的关系呢？这个问题又引发了一个更为宏观的思考：小 B 真的了解对方吗？当"第三只眼"提出这个问题后，小 B 突然觉得"冷战"不是最关键的问题，自己和伴侣之间的互相了解才更值得关注。在这个时刻，小 B 发现自己不再为之前的事情内耗了，两个人的关系也有了新的发展方向。

　　小 B 的练习为我们揭示了一个知识点——当让自己内耗的问题从较表层转化到更深层次的维度时，即使此时还找不到新的问题的答案，但这种更靠近真正的问题的过程，就是对自我理解更深入的状态，是可以帮助我们恢复一部分内耗损失的能量的。

　　小 A 的"第三只眼"有些特别，它将引领我们结识新的朋友，详见下一节。

[第二节]

恐惧和焦虑是一对"双胞胎"

小 A 属于自我关系错位的类型，案例参见第一章第一节。

正当下阶段小 A 的"第三只眼"练习

初阶：只带着一个问题用"第三只眼"进行观察。

问题：我有什么愿望？

小 A 又因为一件小事流眼泪了，这个时候用常规的方式调动"第三只眼"有点困难，所以小 A 采用了电影放映的方式，想象自己在看自己主演的电影。小 A 因为这件小事流眼泪是其中一个画面，不过为了帮助大家熟悉"第三只眼"的存在，我们仍旧称这个看电影的小 A 为"第三只眼"。当"第三只眼"看着电影画面时就在想：正在哭泣的小 A 有什么愿望呢？难道只是"不为小事哭泣"这样的简单愿望吗？"第三只眼"继续观察，发现小 A 哭泣的时候很倔强，攥着拳头，咬紧牙关，看起来像有一个"绝不轻易认输"的愿望。紧接着，电影中小 A 的脑海里浮现出小时候的画面：父母对自己很严厉，有些拼音没有马上拼写出来，就会责怪自己，如果自己因此哭出来，就会被父母斥责得更厉害，他们会数落道"这点小事都做不好，还有脸哭"！

这个时候，"第三只眼"有点心疼小Ａ，看起来小Ａ一直有"成为有能力又坚强的人"的愿望，而不为小事流眼泪是证明自己是这样的人的重要证据。"第三只眼"将这个信息反馈给小Ａ时，小Ａ突然觉得有些可笑，毕竟不为小事流眼泪也不能轻易等同于有能力又坚强。如果小Ａ被问到有能力又坚强的人是什么样子，小Ａ可能会说"遇到问题会积极想办法""失败了也不会轻易否定自己"等，但绝不会以"遇到小事不会流眼泪"作为衡量标准。小Ａ意识到，自己仍想实现内心的愿望，只是之前一直对自己的愿望有比较严重的误解。现在，在"第三只眼"的帮助下，误解终于得以纠正。

中阶：带着五个核心问题用"第三只眼"进行观察。

五个核心问题：

a. 我有多相信自己的愿望会实现？

b. 我在犹豫什么吗？

c. 我在追求有价值的目标吗？

d. 我能做好正在做的事情吗？

e. 这样的我，让自己感到平静吗？

如果一次性探索五个问题过于困难，也可以分若干次进行，直到探索完所有问题。

又一次，小 A 因为一件事情大哭起来，即便如此，仍不忘把自己放在电影画面里进行观察。"第三只眼"的状态很好，对五个问题都进行了深入探索。在探索之前，"第三只眼"注意到一个小细节，那就是这次哭的时候，小 A 完全忘记了让自己哭泣的事情是大事还是小事，只是想痛痛快快地哭一场。小 A 好像从来都没有允许自己好好哭过，这一次过往积累的泪水好像全部都涌了出来。哭够了之后，"第三只眼"开始了自己的观察和分析。

a. 小 A 有多相信自己的愿望会实现？

"第三只眼"看到小 A 痛哭之后，眼珠开始转起来，似乎在思考刚才让自己痛哭的事情要如何解决。"第三只眼"认为小 A 已经不用回答这个问题了，因为小 A 其实一直在做积极的事情，比如总是在第一时间想解决办法，失败了也会积极总结分析。所以，小 A 已经实现了自己的愿望——成为有能力又坚强的人。自从上次纠正了对这个定义的误解之后，小 A 就不再怀疑这件事情了。

b. 小 A 在犹豫什么吗?

小 A 似乎没有犹豫什么,一直在往前冲,"第三只眼"不确定这是不是一件好事,因为感觉小 A 好像很少真正放松和休息。如果要说小 A 真的对什么犹豫的话,小 A 似乎很犹豫要不要在很累的时候停下来。这样看来,犹豫不一定都是坏事,它也许可以让小 A 从当下的重复性模式中暂停下来,看看是不是存在被自己忽略的盲区。

c. 小 A 在追求什么有价值的目标吗?

在工作上,小 A 为了追求更好的工作表现、更高的职位以及更有潜力的未来发展,一直很拼命。但如果被问到这些目标是不是有价值的,小 A 可能会一时茫然,因为小 A 好像从来没有想过这些问题。就像高考要考出好成绩一样,工作了就应该有好的工作业绩,这似乎是天经地义的,不需要额外论证价值。但当小 A 开始思考有关价值的问题时,就不得不从拼命的状态中暂且抽离。停下来思考之后,小 A 涌现出了很多情绪,有不安、焦虑,也有不确定、疑惑,等等。有时候,思绪混乱也不一定是坏事,它可以让我们重新确定追求的价值和意义,避免与真正想要实现的目标偏离得太远。

d. 小 A 能做好正在做的事情吗?

　　对此，小 A 对自己的评价颇高，在错位评分表里的这个条目下，小 A 给出了 7 分的高分。因为这个条目会有很多现实的客观评价和反馈，似乎不需要小 A 自己制定标准，就能够得到很多被认可的评价和确信的感受。不过我们也要记住，哪怕在外界好评如潮的时候，也不要完全依赖外界的评价，要时不时地回到自我关系中去感受自我评价。

　　e. 这样的自己，能够让小 A 感到平静吗？

　　小 A 在这个问题上停留的时间最久，思量着"这样的自己"究竟是怎样的自己，是拼命工作的自己，还是因为失败而大哭的自己？回答这一问题并不简单。"第三只眼"给出了提示：回答这个问题时不要想太多，不带评价色彩地描述电影画面里看到的样子就可以了。小 A 借助"第三只眼"的帮助，开始静静地观察电影画面里的自己：小 A 在大哭一场之后，开始啜泣着思考让自己哭泣的原因以及解决办法，思考的时候小 A 有点着急，好像不想出解决办法，就会有糟糕的事情发生。所幸，小 A 总是能够想出办法，所以那种担心糟糕的事情会发生的情绪波动很快就会过去，不会过多停留。

　　小 A 突然意识到，"这样的自己"也许可以用"通过积极想办法来逃离似乎在害怕什么的自己"来描述，那这样的自己能够让自己感到平静吗？答案就显而易见了——

好像有点困难。这样的自己就像被追逐着往前走，紧张感虽然微弱，但如果有一天自己想不出任何办法，这种紧张感可能就会以一种异常强烈的方式爆发出来。原来，小A一直未曾真正平静，只是因为自己前行得太快，以至于竟对自己的情绪毫无察觉。

高阶：尽可能全面地用"第三只眼"进行观察。

在高阶阶段，可以让"第三只眼"更自由地观察和评论，不用受到任何束缚。

自小A开始思考"这样的我能够让自己感到平静吗"这一问题起，其调动"第三只眼"的意愿就变得越发强烈了。虽然有时候不想再审视自己了，但"更了解自己"的诱惑总是能够促使自己进行更多的观察。果然，"第三只眼"并未让人失望，小A发现了一些长期隐匿于自己身上，却被积极主动解决问题的性格所掩盖的潜藏问题。

"第三只眼"观察了好久，小A似乎从来没有对出现的问题听之任之过，只要有问题冒头，小A从未搁置过、忽略过，不管是工作层面、生活层面的问题，还是关乎朋友、家人的问题，小A都会第一时间想办法解决。于是，"第三只眼"不禁在想：如果有某个问题超出了小A的解决能力，或者小A只是单纯把一个问题先搁置在一边不去解决，会发生什么呢？

　　当"第三只眼"提出这个疑问之后，小 A 明显开始紧张，这是一种焦虑情绪的体现。焦虑的出现往往是在为未来的不确定性而未雨绸缪，如果不这样做，就会陷入恐惧情绪。恐惧，恰恰就是那个一直被小 A 用积极解决问题的态度所掩盖的深层次问题。

　　小 A 在此练习中为我们引见了两个新朋友——焦虑和恐惧。焦虑情绪是伴随恐惧出现的，但由于焦虑出现的时候，人的注意力几乎被完全占据，所以一直都不曾发觉被焦虑掩盖的恐惧。尤其是对于那些认为"办法总比困难多"的人来说，他们总是能够找到办法来配合焦虑情绪，于是恐惧便得以巧妙地埋藏在意识层面之下，不易被察觉。

　　但需明确的是，恐惧没有在意识层面出现过，不代表它不存在。只要是存在的情绪，哪怕其藏得再深，总会以某种方式引起我们的注意，甚至在我们毫无察觉的情况下影响我们的生活。**内耗，就是恐惧在我们的意识层面之下远程操控所产生的心理状态**。

　　焦虑和恐惧这对"双胞胎"总是一起行动，一个在明（焦虑），一个在暗（恐惧）；一个主外（焦虑），一个主内（恐惧）。既然把这两种情绪比作双胞胎，那么就存在情绪上出现的先后顺序问题，想必大家已经可以笃定地回答："恐惧乃是先诞生的情绪，而焦虑紧随其后出现。"

焦虑的作用实则是保护恐惧。**表面上看起来，似乎是焦虑让我们内耗，但实际上，恐惧才是幕后黑手。**

所以，要想达到"流动的我"这一状态，焦虑只是用以迷惑我们的烟幕弹罢了，最大的障碍是恐惧。

恐惧，是一只生于创伤的小野兽

想必大家应该都有类似的经历：当皮肤上的伤口还没有愈合的时候，最怕碰到刺激物，比如水、灰尘，或者是别人不经意间的触碰。暴露在外的伤口会因此瞬间感受到疼痛的刺激，我们的身体会本能地尽量避免其与外界接触。对于小伤口，它们通常会很快愈合，因此这种避免和外界接触的身体反应便会逐渐消失。

但如果身体有一个总也无法愈合的伤口呢？那我们的身体就会一直保留这个习惯，每当有一些东西可能会触碰到它时，身体就会下意识地避开，久而久之，任何意外的接近都可能会触发你的伤口会被弄疼的恐惧情绪。

很多心理创伤就像很难愈合的伤口，越靠近伤口，就越容易触发恐惧情绪。处理心理创伤最安全的方式，是在专业人员的帮助下对其进行清理并促使其愈合。但如果你想尝试独立解决，也可以进行下面的练习。不过，一定要记得，在练习过程中如有任何不适，请及时停止，不要勉强自己。

恐惧并不是一种能够被轻易捕捉到的情绪，因为它常常被很多其他情绪包裹着，焦虑就是其中常见的一种。我们首先要测试

一下自己和恐惧之间的距离，面对不同的距离程度，应对的方式
有所不同。在此，请尝试回答下面的问题。

- 你是否知道恐惧是怎样的感觉？比如，在心理层面和身体
  层面分别有什么感觉？
- 说出一件因环境而令你感到恐惧的事情。
- 说出一件在人际关系方面令你恐惧的事情。
- 说出一件自己内心感到恐惧的事情。

如果对于这几个问题，你均无法进行回答，那么说明你距离
恐惧还很远，我们可以称这种状态为"远距离恐惧"。只要你能
回答至少一个问题，说明你已经和恐惧有过一定的互动，我们可
以称这种状态为"近距离恐惧"。大家只需记住这两种恐惧类型
就可以了。

首先，我们来处理远距离恐惧。如果你目前和恐惧之间的关
系属于远距离恐惧，那么说明你很会保护自己，想必你在平时的
生活中用了很多办法来处理自己的焦虑吧，因为这样就不会让自
己有机会接触到恐惧，就像遇事总有解决办法的小 A。

对于这种情况，我的建议是选择一些令你焦虑的小事来练习
对焦虑的耐受度。只有在焦虑水平不那么高的情况下，我们才敢
于让自己面对些许未知，才有机会靠近恐惧。

比如，小 A 非常在乎工作，如果一上来就拿自己的工作作为
练习对象，那肯定是令人恐慌的。小 A 可以选择生活中的小事，

来观察一下如果不为焦虑的情绪马上找到解决方案，任由焦虑的情绪释放出来的话，会怎样呢？显而易见，这个过程要用到"第三只眼"，想必大家和自己的"第三只眼"已经建立了深厚的友谊了吧？我们还是请小 A 来进行示范。

小 A 选择了这样一件小事：在朋友聚会时，小 A 总是那个要尽快确认时间，为大家事无巨细地安排好聚会各项事宜的角色。哪怕这场聚会并非由小 A 提议举办。小 A 之所以这样做，是因为如果一件事情没有得到明确的安排，自己就会陷入不确定性带来的不安中。为了尽快消除这种不安，小 A 总是会提前敲定所有细节。

可是，在很多时候，这个过程会让小 A 陷入内耗，因为并非每个人都能积极配合，过程中也会出现各种状况。如果碰巧赶上小 A 工作很忙的时候，难免就会产生一种自找麻烦的感觉。而焦虑感牵绊着小 A，让其无法控制地想要做些什么。

小 A 决定利用不安排聚会细节这件事试一试，看看自己会经历怎样的情绪变化。恰巧这一天，小 A 的朋友在 5 人好友群里表达了想聚一聚的想法，大家都积极响应。要是换作平时，小 A 就开始张罗时间和地点了。但这一次小 A 表达了参加的意愿之后，强忍住想要安排一切的冲动，没再说什么。这个时候，小 A 请出了"第三只眼"，让它来帮忙观察自己的情绪变化。"第三只眼"觉得很有趣，它还从未见过小 A 置身事外、什么都不做的状态。

起初，小 A 焦虑得开始抖腿，因为群里好像没有人要接手下一步的安排事宜，小 A 难免觉得大家都在等待自己发声。观察到这一点后，"第三只眼"适时提醒小 A："这好像不是你的责任或义务吧？"小 A 才意识到："对呀，为什么我会理所当然地承担起这额外的工作呢？"当小 A 开始想这个问题的时候，腿慢慢不抖了，虽然心跳还是有点快，但小 A 意识到，情绪的平复需要一个过程，最终总会消散的。此时，小 A 的大脑里有些空白，因为完全不知道接下来会发生什么。记忆中，这种情况几乎都是自己出面化解的。这时，一个工作信息打断了小 A 的思绪，小 A 不得不熄灭手机屏幕，转而用电脑处理工作，只能暂且将这件事情放到一边。

处理完工作后，小 A 才发现群里已经把聚会的各项安排都商量好了，就等小 A 最后确认时间和地点了。小 A 有点意外，但还是迅速回复了大家。"第三只眼"注意到小 A 又陷入了沉思，此时的小 A 的思绪并非一片空白，反倒颇为复杂。一方面，小 A 意识到自己并不是唯一能够化解难题的人，换句话说，小 A 不是自己曾经以为的"救世主"；

另一方面，小 A 也意识到自己完全不需要为别人的焦虑负责，更何况大家也许完全没有感到焦虑，可能只是自己无端臆想的罢了。想到这里，小 A 突然觉得自己之前着实有点自作多情，甚至是在浪费时间，觉得既委屈又好笑，就好像在拉着大家陪自己演一出戏。

经历了这次短暂的卸下焦虑之旅，小 A 对于隐匿于焦虑下的未知，似乎少了一丝防备。

总的来讲，如果你和恐惧的关系属于远距离关系，那么先要处理的就是焦虑情绪。只有对焦虑情绪有一定的耐受度，你才能更有底气、更有信心地逐步靠近恐惧。

接下来，我们来处理近距离恐惧。

亲密关系中的内耗，往往最容易出现近距离恐惧，因此这一次请小 B 来做示范。

让我们跟随小 B 一起回到起初陷入内耗的那个时间点，也就是当小 B 的伴侣因为自己的边界被侵犯，而采用冷暴力的方式，与小 B 处在零沟通的状态时。

此时，小 B 除了内耗，还很恐惧，但如果不追问的话，小 B 只会觉得这是一种模糊的恐惧，未必清晰地知道自己在恐惧什么。同样地，让我们邀请小 B 的"第三只眼"来一起探索其内心深处究竟在恐惧什么吧！

　　小 B 回到家，发现伴侣还在加班没回来，但也许对方在通过加班来刻意拖延回家的时间，因为这样就不用回家面对和小 B 之间的沟通问题了。小 B 坐在沙发上，恐惧的情绪突然袭来，"第三只眼"赶紧出现。它注意到，小 B 抱紧了自己的身体，似乎想给自己一些安慰和支持。此时小 B 的脑海里在想些什么呢？

　　首先，小 B 害怕这种一个人的感觉，这种感觉很熟悉，就像小时候父母吵完架纷纷夺门而出之后，自己一个人待在家里的那种恐惧感。小时候，小 B 担心父母再也不会回来，恐惧里夹杂着被抛弃感。

　　小 B 是担心会被伴侣抛弃吗？事实上，伴侣的离开自然会带来离别的痛苦，但如果两个人无法共同面对问题和解决问题，分开也是一种选择。

　　"第三只眼"很有耐心，没有急于做出评判，而是继续静静地做一个陪伴者，让小 B 的恐惧慢慢释放出来。

　　小 B 哭了一会儿，现在舒展了身体，不再像刚才那样紧紧用手臂环绕着自己了。小 B 再次感受到了自己的恐惧好像和自身相关，比如最害怕的是自己无法面对生活的未知，总觉得如果有一个人在旁边会安心点。所以，小 B 能够想到的最深处的恐惧，就是"该如何一个人面对外面这么广袤的世界和自己那充满未知的渺小生活"。其实无论是否有另一个人在身边，未知的恐惧都是要独自去面对的。因为哪怕最为熟悉的人，也是未知的一部分，不是吗？

很多时候，我们连自己都不甚了解，更别提另外一个独立的个体了。小 B 意识到，如果不正视自己的恐惧，就会在无形中给自己制造更多恐惧，这才是更可怕的事情。

真正在耗竭我们的，其实不是环境、人际或是自我的创伤，而是对未知的恐惧，它们只不过是恐惧的载体。通过和它们的互动，恐惧才得以蔓延。恐惧像一只小野兽，它最喜欢的游戏是追逐，我们越往背离它的方向奔跑，恐惧的追逐力量就越强大，越难以掌控。也许我们没有办法马上停下奔跑的脚步，但我们可以在奔跑的过程中开始做准备：准备放慢脚步，准备停下脚步，准备坚定地回头看向恐惧所在的方向……

准备好迎接"流动的我"

在《二次成长》一书中，我曾对"我是谁"这个问题进行过探讨，当时我倾向于认为这是一个关于存在感的问题。哲学家勒内·笛卡尔那句有名的"我思故我在"表达了思考的重要性，其重要程度之高，竟然可以代表"存在"本身。意识喜欢思考问题，当然也包括怀疑问题，我们对外界的防御感大多是思考的结果。

不过在完成《二次成长》的撰写之后，我却更喜欢哲学家乔治·贝克莱定义的方式——"存在即是被感知"，也就是如果某人发出一个信号后，能够收到来自这个世界的回应，那这个人就能感受到自身的存在了。贝克莱的这一定义强调了关系的重要性，毕竟我们和这个世界建立信任的基础就是通过关系的互动实现的。而且，我们和这个世界的互动承载了数不清的人生意义，这也是我当时很喜爱这个观点的原因。

然而，时隔近三年，在完成本书的当下，基于人生阅历的积累，以及和这个世界更丰富的互动体验，我发现用"被感知"来定义存在感是有局限性的。这种局限性在于，它容易让我们习惯性地把自己放在客体的位置上，进而忽视了对主体性体验的强调。①

鉴于上述认识，我开始重新思考"我是谁"这个问题。思考固然重要，但存在感并非仅靠思考或被感知就能完整定义，它还具备一种"存在感的流动性"。

如果我们最终都逃不过被恐惧追逐甚至支配的结果，那么大致可分为两种情况。一种是曾经的历史创伤带来的恐惧，我们会害怕创伤再次出现；另一种是存在性恐惧，比如每个人可能都会害怕死亡、孤独或无意义感等。

因为害怕，我们惯常的反应都是要做力所能及的准备，就像为地震的到来所做的逃生演练。我们想要确保自己在危险真的到来的时候，有生存下来的能力。这一定不是一件坏事，因为这是必要的自我保护方式。但即便我们住在地震多发的地带，也无须每天都投身于地震逃生演练，对吗？毕竟我们还有地震没有发生时的多彩生活。

令人心疼的是，很多人的心理状态就像时刻在为地震的到来准备着，从来没有真正得到过放松。当一个人懦弱的时候，我们都知道其可能需要帮助，但当一个人看似浑身是本领的时候，我们可能未必知道其内心已经被耗竭感蚕食。不管是长期的懦弱还是长期的佯装坚强，其实都是一种自我僵化的状态。如果我们能

---

① 主体是指在社会实践中认识和改造世界的人；客体是指实践和认识活动所指向的对象。人既是主体，也是客体。

够锻炼出应对危机（犹如在地震中幸存）的本领的同时，也能够在没有危机笼罩的当下享受生活，就有机会发展出"流动的我"。

结合本节开篇提到的主体性和客体性，"僵化的我"就是长期处在主体性或客体性的某一方，拒绝或无法转换为另一方的状态，而"流动的我"是可以自由地在主体和客体之间灵活切换、往来穿梭的状态，不会因为害怕做客体而将自己禁锢在主体的位置上，也不会因为处在客体位置上时就陷入自尊削弱的状态。

关于"僵化的我"，你可能会产生一个疑问：长期处在主体性的一方，不好吗？乍一看，这好像是一种很自信、很有力量的表现，但它确实存在一定的隐患。主体性过强的人，对于身处客体性位置往往会表现得过于敏感且极不适应，但生活中我们难免有处在客体位置的时候，最常见的就是在感情生活中。和谐的感情来自感情中的双方都能够自如地在主体和客体之间进行切换，互相支持，满足彼此的需求，而非一方长期处在一个固定的位置，拒绝移动和调整，这显然会对感情造成损害，并让其失衡。

那么，如何能够实现在主体和客体之间的自由穿梭呢？

还记得我们一直在练习的"第三只眼"吗？它就是方法，也是答案。

试想一下，在没有"第三只眼"的情况下，你是如何感知自己的存在的？

有的人可能会说："我的所做、所为、所想就是我。"意思就是他们实际看到的自己，就是真正的自己。但这就像我们在手机镜头或者镜子里看到的自己，它是反射出来的自己，不是真正的自己。还有人会说："别人眼中的自己就是我。"意思就是别人口中对他们的评价，就是客观的自己。但每个人在评价别人的时候，多多少少都会带有偏见或主观想法，也未必是客观的你。

看到这里，你也许更疑惑了：我自己看到的不是我自己，别人看到的也不是我自己，那我究竟是谁？我的回答是：当你成功调动出"第三只眼"的时候，你能看到自己的所做、所为、所想，还能看到和你互动的环境和人际关系的变化，这个将整幅画面尽收眼底的"第三只眼"就是你，而且是"流动的你"。

在"第三只眼"的视角下，你同时拥有主体性和客体性，你用主体性做出努力，又用自我观察的方式来感受自己的客体性。当达到这样的状态时，便会产生以下几个结果。

1. 情绪是流动的

因为"第三只眼"不参与互动，它只观察，所以它允许一切情绪的发生，绝对不会出现"为了避免某种情绪的发生而选择闭上眼睛，或是选择性地观察画面"的情况。

在"流动的我"这一状态下，任何情绪都是可以存在和表达的。情绪是我们和外界沟通的载体，任何情绪都是有意义的，除了本章重点提到的焦虑和恐惧情绪，内耗往往还和其他很多情绪有关，比如嫉妒、委屈、愤怒等。

2. 关系是流动的

很多人在看待关系的时候比较受限，比如，在看待同事时，仅仅将其框定在工作关系里；在看待恋人时，仅仅将其限定在亲密关系里；在看待家人时，也仅仅从血缘关系的角度去衡量。再比如，如果你和一个人的关系不好，就可能会陷入负面关系的视角去看待对方，从而只看到冲突。但关系是非常流动的存在，同样的人在不同的状态下，可能会和你发生完全不一样的互动。之前因为一件小事，两个人经历过冲突，但后来也可能因为另一件小事，两个人的关系更近了。"流动的我"能够让你在各种关系中，看到更丰富的多元自己和对方，收获更多的人生体验。

3. "我"当然也是流动的

你会发现，"我"固然有自己的性格和行事风格，但也不是完全可预测的。有时候，"我"做出了超出自己想象的事情，产生了自己都觉得不可思议的想法，甚至在自己没有准备好的时候已经实现了成长，又或者直接任性地选择"躺平"。你在大部分情况下的一致表现可以代表你的一部分，而无数个意外情况同样也可以代表你的一部分，这些都是你。

至此，我们已经正式认识了"流动的我"，不过这只是一个开始，往后我们将常常与其相处。虽然真正实现这样的状态并不简单，但是大家不用有压力，正是因为"流动的我"具有流动性，所以我们不用着急实现某个结果。不断探索的过程本身，才是其存在的意义。

最后，希望大家可以多多练习运用"第三只眼"。

下面，我将邀请诸位一起进入第四章，去驯服恐惧这只小野兽。这是在通往"流动的我"的路上，需要完成的一项最具挑战性的任务。一旦克服了恐惧，我们就能解锁海量的心理资源。请提前为它们准备好空间吧！

第四章

恐惧的驯服图鉴

本来的我们，是流动的生命体。我们能够表达流动的情绪，和不同的关系进行流动地互动，自由地穿梭在不同的环境中，感受流动的氛围。

而恐惧的出现会阻碍这一切的流动，它让我们在表达情绪的时候小心翼翼，在和不同的关系互动时瞻前顾后，处于不同的环境中时被无形的压力笼罩。

不过，我们接下来要做的，并不是让恐惧消失，因为任何情绪都有存在的理由。恐惧就像一只没有被驯化过的小野兽，我们不能简单地判定它天性恶毒，只不过它确实有一种强大的力量。

在未对其进行驯化之前，我们只能无奈地被迫听从恐惧的指令，但它是渴望被驯化的，因为一旦彻底失控，最终它也会被那种强大的力量反噬。我为大家设计了如图 4-1 所示的恐惧的驯服图鉴，希望在你和恐惧相处的过程中，能够助你一臂之力。

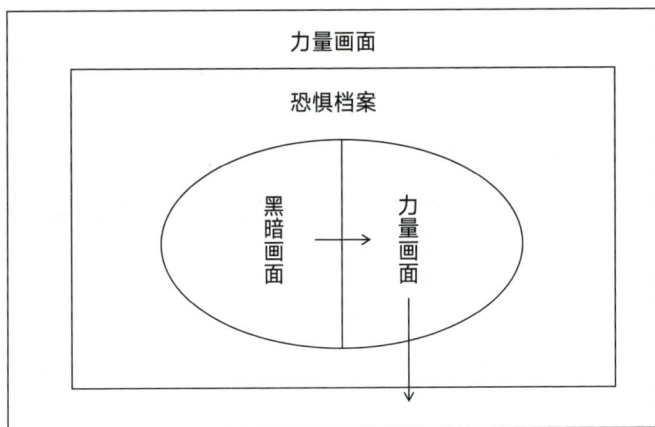

图 4-1 » 恐惧的驯服图鉴

在接下来的内容里,大家会了解到,力量画面是一切的基础。有了力量画面的支持,我们就开始有勇气去面对恐惧,应对方法是建立一个恐惧档案。

我会带着大家一起进入恐惧,改写恐惧中的黑暗画面,改写后的黑暗画面会变成新的力量画面,再次成为我们勇气的根基。

挖掘并收藏力量画面

在挖掘力量画面之前，我们要先建造一个属于自己的安全屋，不然挖掘到的宝贵画面可能会无处安放。

安全屋是心理学中常用的一种建立安全感的方式，它并不是有形的实物，而是我们脑海中想象的画面。比如，有的人的安全屋是建造在海边的一间茅草屋，有的人的安全屋是搭建在百年老树上的一间树屋，还有的人的安全屋是雪山上的一个山洞。安全屋没有复杂的标准，只需满足下面的条件即可。

第一，只要想到这个安全屋，就能让你瞬间感到十分安全。

第二，这个安全屋只有你自己一个人知道。

第三，你能随时在脑海中将它调取出来。

我们分别邀请小 A、小 B 和小 C 来展示各自的安全屋。我建议大家在阅读下面的内容之前，先设想一下自己的安全屋的样子，建立完全属于自己的个性化的原创雏形，这样你和安全屋之间的关联会更紧密。当然，如果想象安全屋对你来说有些困难，让你感到毫无头绪、无从下手，你也可以先看看小 A、小 B 和小 C 的安全屋，给自己一些灵感。

小 A 的安全屋：小 A 虽然已经购买了自己的小房子，但小 A 一直幻想有一处"梦中情房"，这个房子地处美丽的热带雨林，是一栋由结实的木头建造而成的两层小楼。卧室在二层，床边是一扇巨大的落地窗，每天清晨，温暖的阳光透过那扇落地窗倾洒而入，仿佛一双温柔的手，轻轻抚摸小 A，将其从睡梦中唤醒。每当小 A 回到这个安全屋时，外部的世界就好像静止了，小 A 在这里可以自在呼吸。

小 B 的安全屋：小 B 和伴侣一直在攒钱，准备一起买房，但小 B 其实非常想先给自己买一个房子，在其看来，这就像有了一个随时可以撤退的安身之所，能给自己带来底气和安全感。但显然，这个愿望在短期内很难实现，小 B 就把这个愿望投射在了安全屋上。这也让小 B 的安全屋有点与众不同，别人大多希望将安全屋建造在远离都市、人迹罕至且风景优美的地方，可小 B 的安全屋偏偏是一栋摩天大楼里的某个大平层。小 B 表示，身处高处会让自己安心，一扇大大的落地窗会让自己放松。

小 C 的安全屋：小 C 的安全屋更特别了，是二次元、平面的。小 C 进入安全屋之后也会变成一个"纸片人"。这个安全屋在一本漫画中，具体在哪一页只有小 C 自己知道。这个屋子的面积不大，屋内的陈列一览无余，干净简单。小 C 在完全不和真人打交道的情况下是最舒服的，所以小 C 建立的二次元安全屋，从根本上满足了这个需求，让其从中获得了终极安全感。

相信本书的很多读者都是心理学爱好者，可能早就搭建好了自己的安全屋，并且已经跟它很熟悉了。但如果你是第一次接触这个方法，那么请给自己至少两周的时间，和这个安全屋建立熟悉感。你可以每天留出一点时间给自己，去想象这个安全屋，直到自己唤起这个安全屋的时候感觉不再需要付出额外的努力，那么熟悉感就成功建立起来了。

有了安全屋之后，我们就可以开始驯服恐惧的第一步了：挖掘并收藏力量画面。这个步骤要理解三个问题。

- 什么是力量画面？
- 为什么要挖掘力量画面？
- 如何收藏力量画面？

首先，什么是力量画面？力量画面指的是在某一个生活瞬间或者记忆中的片段，画面中的你是无所畏惧的。这个画面代表的就是你的原始力量，它是你自信、勇气、坚定等一切正向能量的源头所在。不要担心自己没有这样的画面，哪怕是平日里大部分时间都很胆小的人，也有无所畏惧的时刻。这样的时刻即使很稀少也没关系，只要挖掘出来，再收集起来，最后就能派上大用场。

如果你经历过创伤，那么可以优先寻找创伤发生之前的力量画面，因为没有被创伤影响过的力量画面会更稳定。如果你的创伤发生的时间较早，或者你并未经历过创伤，但你思索了很久，仍旧没能找到任何一个力量画面，那可能是你的内在能量被压抑太久了，这也是需要专业帮助的信号。

其次，为什么要挖掘力量画面？要知道，哪怕至少挖掘到一个力量画面，它也会像一颗富有生命力的种子，只要有充分滋养的土壤，就能够生长出更多潜力，为你提供更多力量。虽然恐惧本身力量强大，但它有一个特点，那就是愿意向更强大的正向力量臣服，然后找到真正适合自己的位置。而力量画面就是这样一种超越恐惧的强大能量，能够引领恐惧走出黑暗。

最后，如何收藏力量画面？找到那些力量画面后，你要在脑海中定格它们，然后将其裱成画，挂在你的安全屋内，你可以将其挂在安全屋内的任何位置。原则上，力量画面是不限制数量的，尤其在初期，画面收集得越多越好。不过，因为安全屋存在于我们的脑海里，我们的记忆容量是有限的，所以后期可以从中挑选出那些能够持续为我们供给力量的画面挂在墙上。如果有某一幅画面能够长久、稳定地给你提供足够多的能量，那么只收藏一幅也是完全没有问题的，因为真正的力量画面具有取之不尽、用之不竭的特点。每当你启用一次力量画面，不仅不会对其能量造成损耗，还会继续增加它的能量，并且能让你和力量画面之间的关系更加亲密和牢固。

现在有请小 A 来示范自己是如何挖掘和收藏力量画面的。

小 A 努力追溯自己记忆中那些曾经无所畏惧的时刻，突然觉得还挺难挖掘的，好像每一个画面都有不同程度的恐惧、焦虑或担忧等情绪，就连身处快乐之时，都没有办法真正敞开心扉，尽情地去感受快乐，总会担心这种幸福感下一秒就会消失。

小 A 思索了好几天，上班累了想一会儿，睡前躺在床上想一会儿，终于回想起小学时放学路上的一个画面。

小 A 就读的小学离家不远，在上学的路上会经过一个空旷宽敞的大院子。这个院子很冷清，平时没什么人，也没有小卖部、小商贩之类的。小 A 每次都只是匆匆路过。有一天，学校提前放学了，那天的阳光特别明媚，小 A 路过院子的时候，看到院子中间有一只小狗正在欢快地与一片很大的落叶嬉戏玩耍，那毛茸茸的模样恰似一个活泼灵动的小肉球，在叶子的周围跳来跳去。小 A 很喜欢小动物，但是父母不让养，所以当小 A 看到小狗的时候开心极了，一路小跑过去，蹲下来和小狗一起玩。平时如果在路上碰到宠物狗，小 A 都想上前摸一摸，但会被父母阻止。当时，小 A 很想摸摸那只小狗，但父母的声音还是不由自主地在自己的脑海里回响，小 A 还是有点害怕。但可能是那天的阳光太明媚了，或者是小狗太可爱了，小 A 最终鼓起勇气，伸出手摸了摸小狗的脑袋。

小 A 本来只打算拍一拍就好，结果小狗不怕人，被摸了之后直接倒在地上露出肚皮。小 A 见状，完全放下心来，开始给小狗挠痒痒。小 A 当时什么都没有想，就单纯沉浸在小狗那柔软的触感之中，先是觉得小狗的脑袋摸起来好软，没想到挠到肚皮时发现肚皮的手感更软。那个时刻，好像整个世界都被温暖的阳光拥抱着，自己什么都不用害怕。小 A 不记得后面发生什么了，但想到这里，心里那种暖暖的感觉回来了，什么都可以尝试的勇气也回来了。

在阳光下，小 A 和小狗互动的画面，就是一个值得放在安全屋中的力量画面。放在安全屋的哪里呢？小 A 有点纠结，既想挂在二楼卧室床头柜上方的空白墙面上，又想挂在一楼刚进门的玄关处。思来想去，小 A 决定，既然这是第一个想到的力量画面，不如先放在玄关处吧，一进入安全屋自己就能看到这个温馨的画面，感觉很惬意。

大家好奇小 B 和小 C 的力量画面吗？我们一起来领略一番。

起初小 B 总是无法理解什么是力量，更别提力量画面了。小 B 突然意识到自己常常感到没有力气，很疲惫，这是因为自己不爱运动吗？但身边的朋友也不爱运动，却依然活力满满，这又是为什么呢？

于是，小 B 开始回忆曾让自己感到充满活力或是浑身充满力气的时刻。小 B 从当下的时间线往前梳理，直至回忆到幼儿园时期，才依稀挖掘到存在于自己身上的力量感，甚至可以说是蛮劲。幼儿园的老师常常会带着小朋友们做游戏，所以教室里的桌椅摆设也经常要变换位置。别的小朋友每次挪动桌椅时，都要吭哧吭哧地费半天劲，才能把桌椅挪到老师要求的位置。唯独小 B 特别有力气，能一口气把自己的桌椅搬完不说，还有余力帮别的小伙伴。小 B 的食欲还特别好，别的小朋友面对满满一盘食物，往往会挑挑拣拣，最后只把喜欢的食物吃完。而小 B 觉得每一种食物都好吃，最后都能吃光，有时候还需要老师再补充点。小 B 回忆到这里，惊讶于自己也曾有这么有力气的时候，甚至觉得像在看别人的故事，无法和自己联系在一起。不过，既然自己能够实实在在地回忆起这些画面，那它们就是珍贵的记忆影像。

下面是小 C 的力量画面。

小 C 发现自己的力量画面挺多的，一时间不知道先选哪一个放在安全屋中。最终，小 C 选定了一开始就在脑海里涌现出的那段回忆。小 C 喜欢独处，有很多让自己快乐的方式，写作就是其中一种。小 C 在高中时就在小说连载平台上更新过自己的原创小说，一开始完全是兴趣使然，没想到最后真的能够写完一部小说。就在最终回上传完毕的时候，小 C 感受到一种前所未有的满足感，是吃到好吃的食物、考出优异的成绩，甚至被暗恋的人表白时都无法与之媲美的满足感。

小 C 之前常常因为小组作业或者人际关系的问题而苦恼和怀

疑自己，但那一次，小 C 第一次觉得自己能成事，哪怕自己也存在各种各样的问题。这个画面还不止于此，就在小 C 的小说连载结束的几天后，平台的编辑发来私信说想付费收录这部小说，在该平台"独家"推出。小 C 心里别提有多开心了，但思来想去还是婉拒了编辑的提议。一方面是因为平台给的费用并不高，另一方面则是因为小 C 梦想着以后有一天小说真的能出版。当然，这部小说到现在仍然是小 C 的私家珍藏，曾经的出版梦想并没有实现，但这的确是值得放在安全屋中的宝贵画面。

力量画面可能藏在历史记忆中的某个角落，也有可能是现在和未来重新创造生成的新画面，大家只需要耐心地等待它们出现就好。力量画面并不以数量取胜，最重要的是你在选中的画面中体会到的真真切切的力量感，那种力量感只要你曾经拥有过，它就不会从你的生命里消失。所以，慢慢来，先找到一个力量画面也足够了，不要给自己太大的压力。记得把它放在你的安全屋中，挑选一个你喜欢的位置，然后常常来到安全屋看望它。每次看你的力量画面时，请像在博物馆中看一幅名画一般，仔细端详，感受画中的情绪，并把那种情绪变成你自己流动的一部分，以便在需要的时候随时召唤它。

给恐惧逐一建档

给恐惧建档，就意味着要和恐惧近距离接触了。我们需要做足准备工作，所以在开始学习这一节的内容之前，请先确认以下三件事情。

- 你已经建立好自己的安全屋，并和它熟悉了至少两周。
- 你至少挖掘了一个力量画面，并把它放在了安全屋中你喜欢的位置。
- 你和这个力量画面的相处，也至少持续了两周。

从时间上来看，整个准备工作至少需要四周。

完成了上文提到的三件事情，代表你目前的内在力量感已经达到了可以去探索恐惧的水平。如果内在力量感还不充足，我不建议你轻易开始进行更深度地自我探索，因为这可能会让你心理崩溃，请一定不要贸然去做。

不过，如果你已经在进行专业的心理咨询，并且非常信任你的心理咨询师，那么也可以在和心理咨询师商量后进行尝试，或者把你的心理咨询师作为你的后备支持，如果在尝试的时候遇到了问题，可以求助心理咨询师。

如果你已经做好了充分的准备，那么就开始给恐惧建档吧！

前文提到过，消除恐惧绝对不是目的，而是要**以充满力量感的状态实现和恐惧真正意义上的相处，最终为它们逐一建档**。进行这个步骤前要理解以下三个问题。

- 要为哪些恐惧建档？
- 如何进行建档？
- 完成建档之后，该做些什么呢？

首先，要为哪些恐惧建档呢？我会先把恐惧分为具体恐惧和抽象恐惧两大类，这是第一种维度的划分方式。与此同时，恐惧还可分为创伤性恐惧和非创伤性恐惧，这是第二种维度的划分方式。两种维度结合在一起，最终恐惧可分为四种细分类型，详见表 4-1。

表 4-1　恐惧分类

维度一	维度二	
	创伤性恐惧	非创伤性恐惧
具体恐惧	具体且创伤性的恐惧	具体且非创伤性的恐惧
抽象恐惧	抽象且创伤性的恐惧	抽象且非创伤性的恐惧

在本节内容中，我们邀请小 B 来进行示范，那么小 B 的四种恐惧分别都有哪些呢？

具体且创伤性的恐惧，指的是在现实中发生了某个事件，且该事件直接造成了创伤性的恐惧体验。比如在小 B 年幼之时，父母吵架后会双双夺门而出，留小 B 一个人在家里，小 B 总是担心父母再也不会回来，有一种害怕被抛弃的恐惧感。

具体且非创伤性的恐惧，指的是在现实中虽发生了某个事件，但该事件并未直接带来创伤性的恐惧体验，而是触发了个体本身就存在的历史创伤。比如小 B 和伴侣吵架后，伴侣可能并没有摔门而出，只是去隔壁的房间静一静，这在亲密关系的沟通中是很常见的情况。但因为有历史创伤的影响，小 B 的反应会比较强烈，产生超出这个事件本身应该引发的恐惧程度，可能的表现有突然大哭或者捶打伴侣等。

抽象且创伤性的恐惧，指的不是由某一个具体事件带来的恐惧，而是由创伤事件引发的抽象思考带来的恐惧。比如小 B 在使用了"第三只眼"之后，逐渐意识到事件本身给自己带来的困扰正慢慢减轻，然而，其内心深处却萌生出一种更为深层的恐惧，即"该如何一个人面对外面这么广袤的世界和自己那充满未知的渺小生活"，这个恐惧是抽象的，并非针对某个具体的现实事件，同时这个恐惧和自己小时候的经历紧密相关。

抽象且非创伤性的恐惧，指的是从未经历过历史创伤，但仍会因一些抽象思考引发恐惧，比如对死亡的恐惧、对未知的恐惧，以及对人生最终都将一个人度过、面临孤独生活的恐惧等。

如果你发现自己有一些抽象的恐惧，和自己的创伤无关或者自己从未经历过任何形式的创伤，那么有两种可能：一是这一类恐惧的确属于抽象且非创伤性的恐惧；二是你对于创伤的理解较为表面，不知道自己的某些经历其实也是一种创伤，或者不太确定自己目前的恐惧和曾经的创伤之间有什么关系。

那么，针对这种情况，我有两个建议：一是可以直接与专业的心理咨询师进行深入探讨；二是可以先搁置在一边，因为解决具体问题的优先级更高，可以等具体恐惧分类下的问题解决完之后再来回看这个部分，也许你会有新的思考。

在明确了需要为哪些恐惧建档之后，接下来要如何进行建档呢？为此，我为大家设计了表 4-2，请用这个表格好好梳理一下自己的恐惧吧（由于"恐惧"这个词比较容易带来负面联想，所以在表 4-2 中，统一使用"小野兽"这一表述来代替"恐惧"一词）。

表 4-2 "小野兽"档案表

类型 （类型代号）	编号	描述	指数 （满级五颗星）
具体且 创伤性的 （A）	A1		
	A2		
	……		
	An		

（续）

类型 （类型代号）	编号	描述	指数 （满级五颗星）
具体且 非创伤性的 （B）	B1		
	B2		
	……		
	Bn		
抽象且 创伤性的 （C）	C1		
	C2		
	……		
	Cn		
抽象且 非创伤性的 （D）	D1		
	D2		
	……		
	Dn		

注:

1. 对于 A 类型的"小野兽"，你经历的创伤可能过于沉痛，如果你用中文书写是困难的，可以尝试用英文或者你掌握的另一种语言来记录，也可以用图画的方式呈现，甚至用你自己编写的某种语言来记录都是可以的，这是你和自己交流的空间，不用给自己任何压力。

2. 在"描述"一栏，用描述的方式进行记录（每一条描述建议不超过 200 字），对于 A 类型和 B 类型的"小野兽"，还原当时的画面即可，无须记录后来产生的种种情绪和当下的思绪。对于 C 类型和 D 类型的"小野兽"，记录思考本身即可，不用做更多的延伸和拓展。

3. 在"指数"一栏中，满级五颗星指最令人恐惧的程度，一颗星指完全不恐惧的程度。不需要将每个类型都填满，比如小 B 暂时没有发现自己有 D 类型的"小野兽"，那么就不需要填写。

4. 每个类型的数量并非越多越好，我建议先把总是困扰自己或者令自己印象深刻的某只"小野兽"登记在表格里即可，然后结合下一节的内容，届时可以再做调整。

小 B 很贴心，已经填写好了自己的"小野兽"档案表，见表 4-3。

表 4-3　小 B 的"小野兽"档案表

类型 （类型代号）	编号	描述	指数 （满级五颗星）
具体且 创伤性的 （A）	A1	上小学一年级时的某天，放学回到家后父母正在激烈地争吵，我在门口犹豫是否要进去。这时，妈妈夺门而出，看都没看我一眼。进门后，爸爸的脸色很难看，他冷漠地跟我说了句"出门抽根烟"后就离开了。我饿着肚子，坐在家里写作业，以为父母很快就会回来。结果，快到我睡觉的时间，大概是八点半，父母都没回来，当时我以为父母再也不会回来了。这种恐惧笼罩在我的全身	★★★

（续）

类型 （类型代号）	编号	描述	指数 （满级五颗星）
具体且 非创伤性的 （B）	B1	一天下班后，我和伴侣都很疲惫，都加班到很晚才回家。厨房的水槽中还放着前一天没洗的碗筷。我们通常是一人做饭，一人洗碗，当日搁置一晚的碗筷理应轮到伴侣来洗。我顺嘴提了一句，结果对方以太累为理由，想推迟到明天完成。可能我们都比较疲惫，没什么耐心，一来二去就争吵了起来。吵到最激烈的时候，伴侣突然安静下来说："我出去抽根烟，马上回来。"看着对方出门的一瞬间，我脑海中立刻浮现出小时候父母争吵的画面，一阵恐惧感突然袭来	★★★

（续）

类型 （类型代号）	编号	描述	指数 （满级五颗星）
抽象且 创伤性的 （C）	C1	我明明有伴侣，但常常会幻想自己一个人生活在这个世界上的画面：没有父母，没有伴侣，也没有孩子，甚至没有朋友。我每天一个人做饭，一个人上下班，一个人运动……偶尔，我会觉得这样的生活还挺自在的，但更多时候，对我来说，那种感觉更像一种漫步在荒野的恐惧感	★★
抽象且 非创伤性的 （D）	D1	暂无	

注：在"编号"部分，你可以为不同的"小野兽"进行个性化的命名。一般来讲，命名能够实现两个功能：一是拉近和被命名对象之间的关系；二是减弱被命名对象给你带来的负面情绪或影响。

建档完成后，还有一个步骤，就是你要把这个档案想象成装着一叠纸的档案袋，然后在安全屋中找一个位置存放它。正如你的力量画面有摆放自由，同样，你也可以把档案放在安全屋的任何位置，可以是床头柜的抽屉里，可以是书架上的一个格子里，也可以是鞋柜里，这些选择都没有问题。当然，你还可以将档案电子化，储存在安全屋的 U 盘或者其他电子设备中。无论放在什么位置或者用怎样的方式存放，你只需要确保你的感觉是安全的、放心的就可以了。"收纳档案"这个操作的意义在于，你可以具体地感受到，**恐惧只是你偌大心理房间的一部分，而不是全部，你和它有重要的关系，但它并不能完全代表你**。你可以随时将它拿出来，和它互动，也可以随时把它收纳起来，暂时不予理会。总之，不管怎样存放"小野兽"档案，你的生活都可以照常过下去，不会因恐惧而停摆或者陷入极度混乱。

　　建档的过程，实际上就是我们和恐惧之间展开的一场有保护的、面对面的较量。就像驯兽员在真正开始驯服野兽之前，要想办法先把野兽放进笼子一样，这是在保护自己安全的同时，开始锻炼自己的胆量。

　　不知道大家捕获了几只"小野兽"呢？

改写黑暗画面

那些已经被建档的"小野兽"，当然不是将其束之高阁我们便可安枕无忧了，它们并不安分，总是跃跃欲试地想要挣脱出来搞破坏。

接下来，就来到了驯服"小野兽"的重头戏。通过改写黑暗画面的方式，来引领"小野兽"学会使用自己的能量，让它们意识到自己的能量不是只能用来搞破坏，还能做更多有生命力的事情。

那么，具体如何实现呢？继续以小 B 为例，用表 4-4 来为大家示范。

这个表格非常关键，请大家仔细阅读下面的解读。

首先来看表 4-4 顶部的"召唤力量画面"。每次我们在准备驯服"小野兽"之前，都要先召唤自己的力量画面，这是驯服"小野兽"前的必要准备工作，它可以让我们的状态被调动到可以驱散黑暗的水平。如果你目前只收藏了一幅力量画面，那么就直接将其填写在表格里即可；如果你收藏了不止一幅力量画面，那么可以根据当下的心情，从中挑选出最能调动你力量的那一幅，填写在这一栏。

表4-4 小B的"小野兽"驯服进度表

召唤力量画面

我在幼儿园的时候，食欲超好，盘子里的每一种食物都能吃光，从来不挑食，常常跟老师说还想吃，我真是一个富有活力的小朋友。对了，我当时的力气还特别大，能帮多小朋友搬东西，而且一点都不觉得累，好像有使不完的力气。

编号	原始形态	进化形态	进化指数
A1	上小学一年级时的某天，放学回到家后父母正在激烈争吵，我在门口犹豫是否要进去。这时，妈妈夺门而出，看都没有看我一眼。进门后，爸爸的脸色很难看，他冷漠地跟我说了句"我出门抽根烟"后就离开了。我饿着肚子，坐在家里写作业，以为父母很快就会回来。结果，快到我睡觉的时间，大概是八点半，父母都没回来，当时我以为父母再也不会回来了。这种恐惧笼罩在我的全身	【进化形态1】写了一会儿作业，我的肚子就饿了，于是我就没有继续写，而是想先填饱肚子。我在家里搜寻了一番，发现有两根香蕉、一盒牛奶，我迅速吃完喝完，感觉恢复了一点力气	★★★
		【进化形态2】光填饱肚子怎么够呢？我平时总是先写完作业，才能看电视，不如趁父母不在，看会儿动画片吧，正好新的一集马上要播了，也能安抚一下我刚才受到惊吓的心情	★★

（续）

编号	原始形态	进化形态	进化指数
B1	一天下班后，我和伴侣都很疲惫，都加班到很晚才回家。厨房的水槽中还放着前一天没洗的碗筷。我们通常是一人做饭，一人洗碗，当日搁置一晚的碗筷理应轮到伴侣来洗。我顺嘴提了一句，结果对方以太累为理由，想推迟到明天完成。可能我们都比较疲惫，没什么耐心，一来二去就争吵了起来。吵到最激烈的时候，伴侣突然安静下来说："我出去抽根烟，马上回来。"看着对方出门的一瞬间，我脑海中立刻浮现出小时候父母争吵的画面，一阵恐惧感突然袭来	【进化形态1】看着对方出门的一瞬间，我扑哧一声笑了出来，心里想："唉，不过就是几个碗嘛，两个人在这儿上纲上线的，不如像小时候一样，吃点零食，看会儿电视吧，嘿嘿。"	★

（续）

编号	原始形态	进化形态	进化指数
C1	我明明有伴侣，但常常会幻想自己一个人生活在这个世界上的画面：没有父母，没有伴侣，也没有孩子，甚至没有朋友。我每天一个人做饭，一个人上下班，一个人运动……偶尔，我会觉得这样的生活还挺自在的，但更多时候，对我来说，那种感觉更像一种漫步在荒野的恐惧感	【进化形态1】待进化……	（空）

　　在填写的过程中，你可以一边写，一边感受这个画面中的力量感，或者在脑海中回忆那个画面，想象这股力量慢慢注入身体里，直到你觉得自己浑身都充满了力量，这是此环节的第一个重点。完成后，你就可以继续下面的内容了。

　　当你感觉在完成进度表的过程中，这个能量有所减弱的话，可以再回到顶部的"召唤力量画面"，补足能量之后再继续。如果实在无法补足，那就说明这次的能量只能支持你完成到某个阶段，这也没关系，你可以先暂停，换个时间再来继续尝试。总之，大家千万不要在这个环节给自己太大压力。

"小野兽"的"原始形态"对应的就是表4-3中对"小野兽"的"描述"，无须修改。改写环节的第二个重点是更新"小野兽"的"进化形态"，你可以无限增加更新的版本，只要有了新的灵感或者获得了新的能量，都可以在这个表格中更新。

进化形态是如何生成的呢？这个步骤需要你带着上一个步骤中提到的力量感，想象自己如果是在这种力量感下，回到了历史的那个画面中，可能会做出的不一样的行为以及产生的不一样的想法。只要有任何一点不同之处，你就可以作为进化形态的新版本更新在表格中。注意，如果产生的更新内容是更加负面的，你就要及时暂停，说明力量画面没有起到作用，可以换一个力量画面或者换一个时间再来尝试。

每一个版本的进化形态都能在一定程度上减弱你的恐惧感，"小野兽"的"进化指数"一栏可以同步标记不同版本的进化形态给你带来的积极变化程度。这个变化就是你驯化路径的里程碑。也许这一过程并不会一帆风顺，我们无法保证每次更新都让你的恐惧感少一些，但有波动是很正常的，不用有压力。也许你会停滞一段时间，想不出任何可以用来更新进化形态的方式，就像小B在C1部分的情况一样，暂时还没有想出任何的进化形态，这也是正常的。

针对在这个环节可以努力的方向，我有两点建议。

- 用心留意生活中那些为你带来力量感的画面，把它们收藏在你的安全屋中，不同的力量感可以给你带来不同的灵感和思路。

- 即使没有新的想法，也可以定期查看进度表，因为有时候变化是在不知不觉中发生的，也许你自己都没有意识到，却会在无意间查看进度表的时候有所发现——有些曾经影响你的恐惧已经荡然无存了，你已然在以新的状态在面对生活了。进度表可以直观地提醒你自己的变化。

大家现在应该逐渐理解本节标题中"改写"二字的深层含义了吧？它是把曾经给我们造成创伤的负面能量转化成充满活力的积极能量的关键点。而这个过程也在传递这样一个信息——**积极能量未必独立存在，它也可以从绝望的地方生长出来，只要我们用正确的方式滋养它**。想想看，让那些曾经黑暗的地方全部重新洒满阳光，是不是一件无比幸福的事情呢？

让安全屋也流动起来

对恐惧感的驯服到这里就要告一段落了，希望大家和自己的"小野兽"都能最终友好地相处，让"小野兽"成为自己的力量来源。

那么，我们如何知道"小野兽"已经开始成为自己的力量来源了呢？

这里给大家提供两个参考。

第一，在"小野兽"驯服进度表中，每当你生成一个新的进化形态，并且相应的"小野兽"的进化指数都能减少一颗星，那就说明你的力量又增加了一些。

第二，当你发现自己总是能够至少在两周的时间内，不被恐惧笼罩，没有应激反应，那么也说明你的力量又增加了一些。在这里，我有一个建议是，每当你发现自己保持了两周的好状态时，不妨以某种形式来为自己庆祝一番，这样的正反馈将帮助你获得长久的好状态，增加更多的力量。

这些增加的力量有非常多的用处，比如能让你的生活更加平静、提升你的自信等，在这里，我想重点跟大家分享另外两个重要的用处。

　　第一，消解内耗。首要的当然是消解内耗的作用，而且能从根本上消解内耗。当你的能量足够多的时候，即使一些事情让你产生了困扰，你也可能感觉不到消耗，因为你的可用心理资源非常丰富，小比例的占用不会被你察觉。很多时候，我们的内耗其实并不是因为事情本身有多大的挑战性或难度，而是我们自己留存的心理资源已经十不存一了，这个时候有任何的外部扰动，都会造成强烈的消耗感。想象一下，如果你的内心是一望无际的大海，有人从中取了一瓢水，你其实不会有任何明显的感觉；但如果你的内心是干涸的水坑，这个时候有人跟你讨一杯水，哪怕对方很有礼貌，你也可能有被剥削的感受。如果与此同时，你还有拒绝别人的困难，那么肯定又要陷入内耗中了。所以，不管外界发生何种变化，有一件事情一定不会错，那就是我们需要**不断丰富和积累自己的心理资源**。

　　第二，建立安全屋。随着你的自我成长，安全屋会变得越来越稳固，比如在你需要的时候能够更快地被调动出来，可能是给你一个休息的地方，或是给你力量，等等。"流动的我"自然也需要配置一个"流动的安全屋"，可以跟随你到任何地方。这是非常高的安全屋的配置，在这里我只是分享，并不要求大家一定要实现。

　　"流动的安全屋"可以帮助你联结到任何一个你的回忆场所或者现实场所，你只需要在安全屋内部增加一个装置，这个装置和宫崎骏的电影《哈尔的移动城堡》中哈尔的住所很像。在大门的右侧有一个任意转盘，当转盘转到某一个颜色的时候，对应的是某一个场景，可能是你回忆中的一个地方，或者另一个住所等。大家可以借鉴这个装置，在自己的安全屋中进行相应的设计，让你的安全屋真正流动起来。不过如果目前你认为安全屋在固定的位置会更让你感到稳定和安心，那就不用进行这个操作，一切都以你的心理舒适度为准。

另外，如果安全屋中的设置细节超出了你记忆所能承载的上限，那么你可以用画笔或文字把这些重要的细节记录下来，避免遗忘。不过，当你和它真正慢慢熟悉起来之后，还是建议你随时在脑海中将其构建出来，这样的安全屋才会给你带来稳定的安全感。

至此，你已经获得了"流动的我"所需的两手准备，左手是"第三只眼"，右手是"安全屋"。这两样东西是精良的心理资源，它们能够从根本上帮助你源源不断地化解内耗危机，获得真正的力量。

接下来，将进入极富挑战性的第五章，它会揭示内耗不为人知的一面。这个过程中将会有很多坐过山车般的体验，请你一定确保携带自己的"第三只眼"和"安全屋"，凭借它们所赋予的力量，一同进入下一章。

第五章

原来，我在渴望内耗？

由于大家已经具备了一定的"流动的我"的基础，同时也进行了"第三只眼"的练习和安全屋的搭建，因此，现在我能比较放心地来跟大家讨论这个极具挑战性的话题了——**我们其实一直在渴望内耗**。这听起来是不是有点莫名其妙？

大家之所以阅读本书，最大的动机就是要摆脱内耗，所以怎么会渴望自己想要摆脱的东西呢？这种矛盾大概是在自我探索的过程中出现的最频繁也最令人费解的地方。但"渴望想要摆脱的东西"或者"摆脱一直在渴望的东西"其实是一种典型的心理模式，它意味着这个东西同时给我们带来了积极和消极的影响，或者在不同的时间阶段中带来了不同性质的影响，而我们无法理解或者无法应对这种复杂的情况。

在本章中，我们将一起拆解、剖析这种矛盾。请大家在阅读本章的过程中，尽量带着"第三只眼"分析思考。如果出现情绪波动，请记得随时回到自己的安全屋中平复心绪。

自卑曾经是一种动力

自卑的内核其实就是恐惧，只是我们不常直接讨论恐惧本身，更多是在自卑这个概念层面进行探讨。

个体心理学的创始人阿尔弗雷德·阿德勒对自卑情结下了定义，即当一个人在面对棘手的问题时，感觉自己无能为力，由此产生的情绪就叫作自卑情结。由于自卑感总是造成紧张，所以争取优越感的补偿动作必然会同时出现，但其目的并不在于解决问题，于是造成了内耗。

比如，对于小A来说，做事失败时会产生紧张感，而在紧张时，其会不由自主地通过哭泣来缓解压力。但是，小A认为做事失败已经很丢人了，还要因为小事而哭泣，更加无法让自己接受，于是出现了"坚强的人不应该哭泣"这样的自我要求。这种出于补偿的优越感能够把正处在脆弱状态下的自己稍微包装得强大一些，但这个过程并不能解决问题，同样的情况还会反复发生，结果就是进入内耗状态。

一件明显让我们痛苦的事情，却在反复发生，那么就意味着这件事情一定持续给你带来了超越当下所承受的内耗痛苦的某种价值或回报，只是你未必意识到自己究竟在渴求什么，或者道理都懂，只是还没有准备好去面对这一切。

比如，对于小 B 来说，在明知伴侣已经睡着的情况下去打扰对方，大概率会得到不耐烦的结果，但小 B 还是控制不住自己想要这么做的冲动。在这一行为背后，实则暴露了小 B 很多隐性的渴望。小 B 其实就是想要对方被自己突破边界之后，还依然能够表达浓烈的爱意。只要小 B 仍然渴望，那么下一次打破对方边界就是必然会发生的事情。因为如果不打破对方的边界，理论上就永远无法知道对方是否能给自己渴望的独特爱意。

看似不合理的表面，往往都藏着极其合理的内在逻辑。如果自卑从不曾让我们获得正面结果，我们也不会浪费时间和精力在一件注定无法获得回报的事情上。恰恰是因为在曾经的某一个阶段，自卑给我们带来过很强的动力，取得过一些成就或者获得过一些幸福，甚至在意外的契机下，让我们登上过令人瞩目的成功巅峰。

比如，对于小 C 来说，当初决定提笔写小说，一方面是出于自己的兴趣，另一方面是因为高中时成绩不太理想，小 C 不服气，决定在别的方面证明自己的能力。小 C 认为，既然无论怎么努力，学习成绩都无法提高，那还不如把时间花在其他能够给自己带来愉悦体验的事情上。这确实是自卑带来的一种补偿心理和行为，但它并不能解决成绩本身的问题。不过，这段经历也给小 C 带来过真正的力量感，这是小 C 依靠自己的力量做完一件事情获得的宝贵体验。从小 C 的视角来看，自卑带来的动力功不可没。

相信很多读者都有过这样的经历：曾经狠狠逼自己努力过一把，结果可能是高考取得了还不错的成绩，或者是考上了研究生，再或者是练就了一些艺术或者运动上的"童子功"。这些经历难免让我们得出这样的结论：狠狠地"虐"自己，才能实现想要的目标，也就是我们将曾经的成功归结于"将自己逼入绝境"这种自我对待的方式上。但事实上，这里可能隐藏着两个重要的误解。

误解一：吃过苦，才配得到幸福。

很多时候，我们"吃苦"是被迫的，比如有些人因为原生家庭在经济方面很拮据或者家庭氛围很糟糕，迫切想要摆脱原生家庭，而在学业方面发奋苦读，为了未来能够独立生活，吃了很多苦，这是迫不得已的。如果可以选择，我们更希望在更加包容、给予自己充分支持的健康家庭环境中成长。所以，吃苦不是获得幸福的必要条件，而是我们在经历创伤的过程中，为了能够继续生存和成长而做的妥协。我们却在不经意间误把"妥协"当成了成功或幸福的前提，这真是一个极为严重的误解。

误解二：现在没有曾经的拼命状态，是因为自己变懒或者对自己手软了。

问薪
无愧

快好了
别催了

八方来
财财财
财财财
财财🍚

 别人生气
我不气
严禁生气

收到

我尽力哈
嘿！ 哈！

情绪稳定

少管我
至少今天
不内耗

你说得都
对✓

搬砖勿扰
小心砸脚

háo hǎo hǎo
好好好

别发语音
NO JJYY

快
麻烦快点
GKD GKD GKD

人有时候喜欢回忆当年的辉煌，总觉得那个时候的自己很拼、很有干劲，而现在不如当年，是因为自己变差了。实际情况可能恰恰相反，曾经的成功是对现在和未来的透支——过去在自卑的驱动下我们所做出的努力，过度消耗了自己的心理资源和身体健康。因此，如果后续没能及时、充分地补给这部分损耗，那就很容易进入干涸和匮乏的状态。在这种状态下，若还要继续像曾经一样拼命，从客观实际来讲，是做不到的，并非变懒或者对自己手软了。

所以，为什么说"我们其实一直在渴望内耗"呢？因为内耗可以用一种非常简单的方式让我们感觉自己还行，没有完全堕落到自己不能接受的那种状态——"只要我对自己的要求和标准还在，哪怕我现在做得没那么好，我也仍然处于距离理想自我更接近的状态。一旦我放弃那些高要求和高标准，我就真的什么都不是了"。

这种自我批评的内心声音是非常令人恐惧的，想要直面它很困难，所以充满拉扯感和疲惫感的内耗会占用我们大量的心理资源，这样一来，我们也就没有力气去理会那些真正要面对的困难问题了。这是非常反直觉的模式，但在生活中很常见。比如，当我们心烦意乱的时候，可能暂时梳理不出头绪，那我们就会选择通过不健康的生活习惯来"麻痹"自己的大脑。虽然这会让自己的身体感到不适，但至少可以暂时不用去理会那些真正麻烦的事情。因为比起身体的痛苦，那些难题所带来的精神压力往往更令人难以承受。

现在，请大家使用"第三只眼"来观察和感受，你在用内耗去躲避什么更大的麻烦和痛苦呢？这个答案会让你更加理解自己。

小A："我用内耗来躲避我是一个懦弱的人的现实。"

小B："我用内耗来躲避我想要的那种爱情也许存在但并不健康的现实。"

小C："我用内耗来躲避人际关系中我不能被所有人喜欢的现实。"

从这个意义上来讲，内耗其实是在帮助我们缓解更大的痛苦。**内耗并非原罪**，它只是像一个有点笨拙的朋友好心办了坏事。如果论心不论迹的话，内耗这位朋友确实已经尽力了。当然，要接纳那个虽然已经尽力了，但结果并非尽善尽美的自己并不容易，因为这个过程必然要经历"的确让自己失望了"的无奈和悲伤。

所以，如果你还没有准备好，那么你完全可以停在这里，继续沿用熟悉的内耗方式来维持目前相对稳定的生活。不过，如果你已经准备好了，我们就继续往前走，一同去探索后续的内容吧。

告别自卑这位老朋友

　　自卑像我们的老朋友，甚至可以形容为共患难过的老战友，它陪伴着我们度过了人生中某些重要的阶段或者时光。在那些阶段中，它确实给予了我们宝贵的帮助。在理想情况下，我们希望能和老朋友一辈子携手相伴。但当生活进入新阶段，自我也成长到了一个新高度时，如果曾经的老朋友还在原地，那么与其相处起来就会非常吃力。比如，我们遇到了一个新问题，老朋友还是习惯性地用旧方法去解决，那么解决问题的效率不仅会变低，这个过程还会非常消耗我们现有的心理资源。

　　那为什么我们会做这种吃力不讨好的事情呢？这其实源于我们本能里的愧疚感——抛弃老朋友会带来强烈的负罪感。在不知道怎么面对这种负罪感的情况下，我们更倾向于维持原来的习惯，这样就可以暂时逃避愧疚感和负罪感带来的极度不适的情绪。

　　大家可以想象一下，被别人评价为"过河拆桥""忘恩负义"时，自己一定是很难接受并且会产生强烈排斥心理的。所以，表面上看起来"我们渴望自卑，不想摆脱自卑"是一件不合理的事情，但在深层次的潜意识里，有我们更在意的东西（比如不想承受负罪感）在阻碍我们尝试新方式、开启新生活。

步调已经不一致的老朋友，在有些情况下是渐行渐远的，在有些情况下是因为爆发了不可调和的冲突而导致与自己关系破裂的，但不是所有关系都一定要以这样的方式结束，还有一个选择是认真用心地与对方告别。自卑和我们的关系很亲密，我们对它可谓爱恨交织，难以割舍。也正是因为有这种深厚的感情，所以珍惜这位老朋友的恰当方式就是和其认真告别。

在告别的过程中，避免不了要去面对自己一直逃避的复杂情绪，但这一切终究是值得的，不是吗？

接下来，让我们一起试一试用一种珍惜的态度和这位老朋友告别吧。

和自卑这位老朋友的告别仪式

告别的确需要勇气，但也有方法。只要是方法，就可以练习。大家不用担心告别会在第一次尝试里就发生，告别也是一种关系，需要时间来进行互动。

步骤一：感谢你为我做的一切。

推荐大家用写信的方式和自卑进行告别，你还可以为你的自卑取一个名字，好好回忆它曾经为你做的事情，发自内心地对它表达真诚的感谢。如果还没有找到感恩的状态，也不用勉强自己，再耐心等待更多的回忆或者新的心境出现就好。

接下来，让我们看一下小 A、小 B 和小 C 的示范。

以下是小 A 写的信。

小倔强：

你好！老实讲，我之前挺讨厌你的，因为我觉得你给我带来了很多麻烦。明明我感觉自己做得还不错，但是因为有你的存在，我总是怀疑自己。不过，我之前确实有很大的盲区，只看到了自己想看到的东西，没有意识到你在我背后默默付出了这么多努力。

你让我知道自己的极限在哪里，让我知道原来我能做成这么多事情。虽然过程有点累，但我真的看到了自己更多的潜力。这也让我知道以后可以往什么方向努力。我很感谢你，抱歉没有更早地跟你说出这些话，过去的时光，辛苦你了。

祝好！

以下是小 B 写的信。

爪爪：

摸摸你。其实了解你之后，我觉得你还挺可爱的，不知道这算不算是一种感谢，哈哈。在我没有主动邀请你的情况下，你一直很喜欢撕开我的内心世界。有时候我觉得被侵犯了，但有时候也会觉得在被你认真关注着。当被关注的感觉出现的时候，我发现那是一种难以言喻却很美好的感觉。

所以，要说真的要感谢你什么，那应该就是这种关注吧，我有被在意的感觉。虽然你在意我的方式，有时候会让我觉得有些奇怪，难免会让我去想是不是有更好的方式，但我想你一定已经用你笨拙的方式尽力而为了。谢谢你，爪爪！

祝好！

以下是小 C 写的信。

二度：

展信佳。对你的感谢和我给你取的名字有关，所以有必要先给你解释一下。"二度"取自"梅开二度"，也就是我相信我们会有两次重要的相遇。其中一次相遇，便是我们已经走过的往昔岁月。对于之前的经历，其实我并没有太多的负面情绪，我不是很排斥自卑这件事情，所以对你表达感谢并不困难。不过即便如此，之前我也从来没有想过做这件事情，所以这次是一个很好的机会。此刻，我们虽正处于告别之际，但这告别绝非永别，我相信之前我们的经历像已经开了一次花，接下来我会有新的成长，必然也会和你有一次重逢，从而开启一段新的旅程。

祝好！

【练习提示】

a. 感谢的话不能是空话，应该是真的能够从历史的真实体验中找到的感受。

b.感谢练习可以分多次进行，写信的数量没有上限。

步骤二：原谅你不小心带给我的伤害。

"好心办了坏事"也是一种伤害，虽然不是故意的，但并不能抹掉受伤的感受。如果因自卑而带来的伤害曾经造成过比较重大的影响，那么谈原谅没那么容易。自卑情结和自我苛刻往往是一对双胞胎，自卑的感觉已经很糟糕了，却还要继续"在伤口上撒盐"，这已经可以用"自我虐待"来形容了。伤害带来的影响不会凭空消失，原谅给自己带来伤害的这个老朋友是处理伤害最关键的一环。步骤一中的真诚感谢，能够帮助我们更接近原谅的心境，但要完全走完这一步，还需要直接面对它。我们来看看小 A、小 B 和小 C 是否能给我们带来一些启发。

以下是小 A 写的原谅信。

小倔强：

之前我说过的感谢的话，不是骗你的，但现在仍需聊一聊你对我的伤害。唉，这个部分很难表达，因为我不确定这伤害是不是完全和你有关，但当我想到伤害的时候，第一反应就想到了你。随着年纪的增长，我的身体越来越僵硬了，我以前归咎于过量的工作、过大的压力或者单纯就是增长的年纪，但我最近在想，是不是和你有关？是不是之前靠自卑带来的动力，把自己压榨得太狠了？我的颈椎、胸椎和腰椎，最近相继出现了问题，各个部位的肌肉每天也酸痛无比，我真的开始担心了。

刚意识到这个问题的时候，想到还要原谅你，我的第一反应是排斥。我想先发泄不满：为什么你要以牺牲我的身体为代价去换取那些透支的动力？这不是得不偿失吗？但我同时也在想，你当时有没有更好的办法？这个问题真的好难。我不知道被原谅是一种什么样的感觉，因为只要我犯错，父母一般都只会表达不满意并且惩罚我，最好的情况是叹气和没空理会我。我现在只能靠想象：被原谅是不是那种"即使你做错事了，但是我还爱你"的感觉？如果父母从未给过我这种感觉，那么谁曾经给过我呢？

我突然想到初中的语文老师，她好像给过我类似的感觉。有一次，我考试考得一塌糊涂，连非常简单的题目都答错了。在考试成绩出来之后，她把我单独叫到办公室。我以为她要批评我，但她第一时间关心我是不是遇到了什么困难，想看看有没有什么可以帮到我的。我当时的反应是意外和震惊，怎么会有人在我觉得应该被批评的时候，第一反应却是关心我呢？

难道被原谅的感觉就是即使犯了错也可以得到关心吗？如果是的话，小倔强，也许我可以尝试原谅你。你虽然伤害了我，但我仍然关心你是不是也遇到了困难。想必你经历的起起伏伏不比我少。不然，我就放你去走你的成长之路吧。

祝好！

以下是小 B 写的第一封原谅信。

爪爪：

你的爪子可真锋利呀！当你的爪子没有露出指甲的时候，是一个可爱的肉垫，但你常常误伤我。我受到的最大伤害大概就发生在亲密关系中。明明我单身的时候，还是挺独立的，很有自信，但是一到亲密关系中，我就变成了连自己都讨厌的人。我变得非常脆弱，对对方的要求也很苛刻，就好像我是为了刁难别人，才特意设立了那些标准似的。

原谅你好难……

我在感情上吃了很多苦，目前的这个伴侣是我最珍惜且期望能长久与之相伴的。可是，我那种控制不住地想要侵犯对方边界的感觉，让我觉得这段关系最终恐怕也难以维系下去。你说，在这种情况下，我该怎么原谅你呢？

如果我暂时还不能原谅你，你可以不要怪我吗？再给我一点时间吧……

以下是小 B 写的第二封原谅信。

爪爪：

我想了一段时间，有一些新的想法要跟你分享，我不知道这能不能称为一种原谅心境。

我最近听到一种说法："亲密关系的目的就是看到自己。"起初我不是很明白这是什么意思，但回顾了前几任伴侣，虽然我们的关系都以失败结束（如果关系结束就算失败的话），但每次结束之后，我都改变了一些，或者更准确地说，我都看到了自己更多的一面。我记得在第一段关系中，我是一个盲目自信，甚至有点自大的人，我只能看到自己营造出来的半真半假的光环，我对自己没有客观评价。结束第一段关系的时候，我经历了光环被打破，不再把时间浪费在建造空中楼阁这件事情上，仔细想了一下自己究竟想做什么，以及要往什么方向发展这种关于自己的未来职业规划的问题。第二段关系开始之前，我以为自己准备好了，能够客观地认识自己了，也明确了自己未来的发展方向，心想这下谈恋爱应该不难了吧？可结果又发现了一些被我忽略的盲区，我只期待别人对我好，却完全不知道如何真正关心一个人。于是，我开始学习如何对一个人好。真没想到，这居然也是要学的。第三段关系就是现在这段了，难道说我也要学习什么吗？

今天，我想跟你说，之前的感情让我觉得很辛苦，但我发现原来有很多我不知道该怎么做的事。虽然我仍然幻想，如果一开始就知道很多，谈一段感情就能成功，那该多好。但家庭给我的良好的情感体验不多，这虽然令人沮丧，但我还有机会补习，这算是不幸中的万幸吧？

其实谈不上原谅你，我发现这本身也不是你的错，过去的事情也只能那样发展。

祝好！

以下是小 C 写的原谅信。

二度：

好喜欢这次的练习，因为对我来说，这没那么困难，哈哈。不过，对于我所受到的那些伤害，我难道就没有情绪吗？肯定是有的，但我从来没有怪过你，你反而给我带来了很多思考。我觉得自卑不是独立存在的，它一定是要放在一个环境和互动中去整体看待的。也许我在这个环境自卑，在那个环境就不自卑了，对吧？

最近不是越来越流行远程工作的模式了吗？如果我目前所处的环境，在错位表中的分数继续下跌，我可能就考虑换工作了。换一个自由度更高的工作，也许能激发出我更多的潜力呢！

祝好！

【练习提示】

a. 原谅练习并不是只有原谅了才有效果，向你的老朋友表达你原谅它时所面临的困难，也是练习的很重要的一部分。

b. 原谅练习可以分多次进行，写信的数量没有上限。

c. 如果你感受到伤害，但你并不责怪老朋友，而是像小 C 一样有其他想法，当然也是可以的。

步骤三：可以邀请你进入一段新关系吗？

大家看到步骤三的标题，可能会有这样的困惑：不是说要告别吗？怎么又要进入一段新关系呢？没错，这才是真正的告别。告别不是要永远离开一段关系，而是开始理解一段关系在特定时间内的开始和结束。比如，你和老朋友的三观开始出现了分歧，两人渐行渐远，但也许你们因为某个契机再次相遇，重新进入了同频的状态，那么你们便又有可能开始一段新关系了。

我们和自卑的关系也一样，我们并不是要永远抛弃它，而是曾经的某一特定阶段该结束了，这便是告别，但告别也意味着新的开始，它们将会同时发生。

以下是小 A 写的告别信。

小倔强：

过去的这段人生，你陪了我好久，不过是时候说再见了。我不想再用虚假的补偿来继续未来的生活了。往后，当我做得好的时候，我就大方地夸自己；而当做得不尽如人意时，我也会理解自己，并相信自己下次会做得更好。所以，过去的那种生活，就让它过去吧。

希望你不要难过，我没有否定你过去的存在，也没有不认可你的价值。长大意味着要经历不同的体验，我也准备好迎接新的经历了。

在新的人生阶段里，我还是给你留了位置。我希望你能帮我看到一些客观存在的差距，但是不要否定我，不要再像以前一样伤害我，你只需给我一些善意的提醒就可以了。我希望你能相信我有足够的勇气和智慧去面对那些差距，给我耐心和时间成长。

希望在新的关系里，我们互相支持、互相帮助。我也会给你足够的理解，你觉得如何？

祝好！

以下是小 B 写的告别信。

爪爪：

舍不得跟你告别，唉，我就是一个心软的人。偶尔想起你之前张牙舞爪的样子，我居然还很怀念。你说我是不是有斯德哥尔摩综合征？万一你之后只能被迫变得乖乖的，你会不会很压抑呢？想到你之前给我带来那么多宝贵的人生体验，想必你是有大智慧的，大概是我太多愁善感了。

我真的得再独立点了，一旦产生感情就控制不住地想要依赖你。在以后的关系里，我做不到和你完全脱离，但是我会学着成熟，减少对你的依赖，这样可以吗？在我没有需要的时候，你可以不出现，但是在我需要你的时候，还是希望你在我身边。我并不想通过远离你来让自己感到开心或自信，希望你在的时候，我也能感到自我满足。

也许听起来有点矛盾，具体我也还不知道该怎么实现，但这就是我目前的想法，我想和你一起往这个方向努力。

祝好！

以下是小 C 写的告别信。

二度：

"一度"已是历史，我归档啦，哈哈！既然是"梅开二度"，不如我们一起来设计一下二度该如何绽放吧！

二次绽放计划

第一部分：自由职业路径调研。

我决定遵循自卑所给予的指引，去真正探索自由职业路径的可行性，至少形成几个可选择的方案。

第二部分：技能评估和分析。

全面评估和分析自己具备的技能，然后结合调研内容，对已有的方案进行排序。

第三部分：准备工作。

把准备去做的工作都梳理好，这既是我的"二次绽放计划"，也是我的"逃跑计划"。如果目前的工作未达到我的预期，或者在工作中遇到了不顺心的事情，我就不会再处于没有退路的状态了。我想要给自己积累一些独立生存的底气，这样我才能给自己足够的安全感。

祝好！

【练习提示】

a. 先对过去进行告别，再邀请对方进入一段新关系。

b. 新关系也只是下一个阶段的关系，无须苛求其尽善尽美，也尽量不要过度理想化。写信的过程是自我梳理的过程，并不是心想事成的许愿池，慢慢来就好。

告别仪式的三个步骤不用一次性做完，步骤一和步骤二可以交替进行。当你想到感谢的话时，就可以进行步骤一；当你找到原谅的状态时，就可以进行步骤二。注意，步骤三需要你在步骤一和步骤二都完成之后再进行，因为只有当你同时具备感谢和原谅的心境时，才能真的愿意和自卑进入一段新关系。

改变你的兴奋点

开心的事情会令人兴奋，这于我们而言并不稀奇，但痛苦的感受也会令人兴奋，这就会让人疑惑了。实际上，这是非常正常的现象。从理论上来说，任何事情或者体验都会给我们带来兴奋的感受，人类的身心模式就是如此复杂又迷人。只是我们很多时候并不知道，究竟什么才是我们的兴奋点。

内耗的表层是焦虑，内核是恐惧，这两种情绪都和兴奋体验密不可分。

先说恐惧。很多人喜欢看恐怖片或者坐过山车，因为这些活动可以通过引发恐惧情绪，带来刺激感。对这些人来说，追求恐惧是一种主动选择。

再来说焦虑。通常人焦虑的时候，会出汗发抖，甚至可能连话都说不清楚，这显然不是一种好的体验。但也有相当一部分人的焦虑是通过兴奋来体现的。比如，擅长演讲的人或运动员在面临重要场合时也会紧张和焦虑，不同的是，当这些训练有素的人员体验到焦虑和紧张时，会将其迅速转化成兴奋，在面对众多注视者的时候，兴奋感就能够帮他们屏蔽杂音，让他们进入专注的状态。

内耗的本质也是如此，是在无意识的情况下建立兴奋点之后，继续无意识地循环往复的结果。如果你真的想停止内耗，那么从根本上改变你已经建立的兴奋点，是非常关键的一步。而若要改变某一事物，就要先察觉到它的存在，如果你都感觉不到它的存在，那么改变也就无从谈起了。

那么，如何才能注意到这个兴奋点的存在呢？首先要请出"第三只眼"。当大家开始内耗的时候，就需要调动出"第三只眼"，仔细观察内耗是如何开启的。通常来说，内耗是由某一个事件触发的，比如小 A 是因流眼泪而触发的，小 C 是在和同事对接工作时触发的。当然，内耗也可能是由自己的某种状态触发的，比如小 B 是在被忽略的时候触发的。我们要让"第三只眼"观察到这个起点，因为兴奋往往就是从这里开始的。

在这里，大家要注意，兴奋并不一定会让我们手舞足蹈，这种状态的确属于兴奋的一种表现，但兴奋并不仅仅局限于此，它还有很多其他的表现，比如汗毛竖起等。所以本质上，兴奋指的是我们身体或心理层面所呈现出的一种高唤起状态，它仅仅体现为一种程度概念，而不意味着对事物性质的好坏判定，也不等同于情绪倾向的积极或消极划分。

从这个角度来说，也可以理解为当你的注意力被吸引的时候，兴奋就发生了。那么结合刚才的触发事件，对于小 A 来说，眼泪就是兴奋点；对于小 B 来说，被忽略就是兴奋点；对于小 C

来说，接触同事就是兴奋点。

找到兴奋点之后，我们要继续用"第三只眼"来维持它。如果找到兴奋点之后，我们并没有做任何事情去维持这个兴奋程度，兴奋点就会转瞬即逝，难以演变成一种固定的习惯模式。比如，小 A 在流眼泪之后，触发了兴奋点，然后开始自我批判，结果眼泪更加控制不住，进而更加兴奋。小 B 在被忽略的时候，触发了兴奋点，开始去侵犯伴侣的边界，而伴侣便会更加忽略自己，小 B 进而更加兴奋。小 C 在和同事对接工作时，触发了兴奋点，自己的表现变得更糟糕，而同事则会进一步增加沟通来让工作得以推进，小 C 进而更加兴奋。

那么，该如何阻断这个循环呢？有三件事情可以尝试。

第一，理解自己的内耗兴奋模式全过程。按照上文的描述，借助"第三只眼"确定自己的内耗兴奋模式全过程是如何发生的，把整个过程记录下来，并尝试剖析理解自己这样做的原因。实现对自己的理解意味着你知道自己身上发生了什么以及发生的原因，而你也不再对自己进行负面评价，比如"我怎么这么脆弱""我怎么这么差"或者"我怎么这么不争气"等。只要内心还有负面评价，就说明你没有完全实现和自我的共情。当我们处在无法全然理解自己的状态时，就无法掌控自己的兴奋点，这是因为我们需要这个旧的、可能不够健康的兴奋点的存在，以此来弥补因无法理解自我而产生的匮乏感。

第二，替换用以维持兴奋点的行为。替换兴奋点的难度更高，所以可以先替换用以维持兴奋点的行为。如果你维持兴奋点的操作涉及人际关系互动，而这种互动并非你所能掌控的，那么不妨将其调整成只需自己就可以完成的行为活动。比如小 B 在被忽略的时候，第一时间是想去侵犯对方的边界，那么可以替换成自己可以做的且让自己感觉好的事情，比如给自己买个小礼物或者去吃一顿大餐等。

对于小 C 来说，其用以维持兴奋点的操作是和同事进行更多的互动，但其不能要求同事不再和自己互动。在这种情况下，便可以尝试增加一个自己能掌控的操作。比如，先找一个理由离开让自己更加兴奋的环境，去倒杯水或者去卫生间都可以，目的是有机会和自己进行一段自我暗示的对话，在去倒水时可以跟自己说"注意中断兴奋点"，等自己的兴奋程度比刚才弱了一些的时候，就可以再回去和同事继续沟通了。

如果你用以维持兴奋点的操作就是由自己独立进行的，比如小 A 能马上进入自我批评的状态，那么中断兴奋点的操作反而要用相反的方式来处理，比如马上发信息给自己信任的朋友聊聊天，可以聊自己正在为之哭泣的事情，也可以聊其他完全不相关的话题。总之，不要让自己陷入自我怀疑的境地。

当你可以用新的方式来替换之前的用以维持兴奋点的行为时，这一步就成功了。这个过程必然要经历一段时间的尝试，所以你也许会不自觉地进入之前的状态，这属于正常现象，记得要对自己有耐心。

第三，更新兴奋点。当我们完成了前两件事时，就可以开始考虑攻克较大的难题——更新兴奋点。针对不同的情况，有两种更新兴奋点的方式。

第一种方式是更新兴奋点的作用对象。我们并非一定要修改兴奋点的作用对象，在实际操作时，可以参考的原则为：如果兴奋点的作用对象属于中性事件，或者是生活中不可避免的事件，那么可以不用修改，转而修改兴奋点的情绪色彩。比如小 A 的兴奋对象是"流眼泪"，而流眼泪本身是生活中不可避免的事情，从正常情绪表达的角度来看，属于中性事件，这种情况就可以不修改。如果兴奋的对象和创伤相关，那么就是重点修改的对象。比如小 B 的兴奋对象是"被忽略"，这与其家庭成长环境有关，那么不断在自己的创伤点上保持兴奋，就像不断撕开伤口的过程，不仅无法进入愈合阶段，反而会让自己的创伤恶化。

那么，当确定自己的兴奋点作用对象是属于需要修改的情况之后，我们要怎么做呢？

我们要先选定修改的方向，即列出将原来的兴奋点作用对象换成一个新对象的各种备选项，这些备选项要和原来的选项相关，但不再直接和创伤相关。以小 B 为例，可以考虑的备选项是独处。独处既和被忽略相关，其本身又是每个人都会经历的一种中性事件，不直接和创伤相关，不会过度引发历史创伤所带来的情绪和体验。

选定方向之后，开始将注意力放在新的兴奋点作用对象上。比如对于小 B 来说，就可以有意识地在独处的时候增加对独处的关注，在被忽略的时候，减弱对被忽略的状态的关注，并将其视为一种独处的状态。当小 B 能够连续两周都没有高度关注"被忽略"这一状态，那么兴奋点的作用对象就更换成功了。也许后面还会出现波动和反复，没关系，只要重复之前的练习即可。

第二种方式是更新兴奋点的情绪色彩。"兴奋"本身是中性词，指的是高唤起的一种状态。如果是负面唤起，就容易让我们进入恶性循环；而如果是积极唤起，就可以让我们进入良性循环。当我们无须修改兴奋点的作用对象时，就可以修改兴奋点的情绪色彩，将其从负面的调整为积极的。比如，对于小 A 来说，以往流眼泪之后所产生的兴奋属性是负面的，第一反应是排斥并且给自己负面反馈，那么要调整的方向便是对流眼泪形成相对积极的态度，可以做一些新的思维拓展——流眼泪不是懦弱的表现，而是一种信号，可以给自己提供自我成长的灵感，或者带来工作或者生活中的启发等。

如果调整思维有点困难，也可以选择更加简单的行为调整策略。比如，每次流眼泪的时候，小 A 可以同时做一些积极行为。积极行为的定义因人而异，如果小 A 喜欢吃巧克力，那么这个时候就可以吃一块巧克力，以此增加流眼泪这个行为的正向体验。

改变兴奋点是应用非常广泛的一个方法，不仅能用于消解内耗，还可以延伸到任何你想要改变的行为模式，甚至是性格特点等方面，尤其适用于那些你明确知道自己不喜欢但还是无法停止的行为。

我把这个方法总结成了表 5-1，请踏上属于你的自由改变之旅吧！

表 5-1　兴奋点改变流程表（通用版）

步骤名称	过程说明	范例
描述想要摆脱的对象	"对象"可以是任何人或事，比如一个人、一种行为、一个念头等	我想要摆脱的对象是我"没有耐心"的特点
精准定位引发这个对象出现的刺激源	不管你认为你想要摆脱的对象有多频繁地出现在你的生活里，它一定不是时时刻刻出现的。因此，从"未发生"到"发生"之间一定有一个刺激源激发了它的出现。"刺激源"可以是任何人或事，和"对象"的范围一致，而且数量可能为多个	引发"没有耐心"出现的刺激源是： ①当我不理解一个人或者一件事情时 ②当我感觉被索取时 ③当我对自己的能力产生怀疑时

（续）

步骤名称	过程说明	范例
对每个兴奋点进行评估	一个刺激源就代表一个兴奋点 评估从四个方面进行：兴奋程度、兴奋频率、是否需要替换兴奋点、是否需要调整情绪色彩	①刺激源一评估 ● 兴奋程度：中等 ● 兴奋频率：高 ● 无须替换兴奋点 ● 需要调整情绪色彩 ②刺激源二评估 ● 兴奋程度：强烈 ● 兴奋频率：低 ● 需要替换兴奋点 ● 需要调整情绪色彩 ③刺激源三评估 ● 兴奋程度：微弱 ● 兴奋频率：中 ● 无须替换兴奋点 ● 需要调整情绪色彩
制定改变方案	每次只改变一个刺激源，改变顺序无固定要求，可以按自己的喜好或当前需求排序（比如右侧范例的排序原因是想先从和创伤关系更近的刺激源开始解决）	①刺激源二的改变方案 替换兴奋点：当我感觉被索取或被需要 调整情绪色彩：将瞬间的厌恶调整为接受别人可以有需要，但是否需要满足对方是自己的自由和权利

（续）

步骤名称	过程说明	范例
		②刺激源一的改变方案 调整情绪色彩：将瞬间产生的厌恶调整为接受每个人不同的理解范围，但自己可以选择是否主动理解 ③刺激源三的改变方案 暂时困扰程度不高，不改变

注：

1. 判断改变是否发生的参考标准是，你想要获得的结果是否能够至少维持两周的时间，如果是，那么说明改变已经发生，剩下的就是反复练习、不断巩固改变后的结果。
2. 如果在练习的过程中，尤其是改变和创伤相关的部分时，遇到较大的情绪波动，那么说明创伤的影响较大，超出自我改变的范畴，建议及时寻求专业心理咨询师的帮助。

"一直游到海水变蓝"

本章介绍的方法主要围绕自卑展开。

如果我们一直处于自卑的状态中，那么和外界的关系更多时候是向外单向索取的状态。因为自卑致使内心产生匮乏感，所以需要外界给予我们价值、肯定、认可等让我们感觉到自我存在的外力。由于我们并不知道如何通过学习将这些外部资源转变为自己的一部分，因此拿到手之后便直接"吃"掉，导致我们总是处在"饥饿"的心理状态。

当我们更多地理解自卑，并和它相处之后，会从习惯于长期索取的状态，逐步过渡到向外释放能量的状态。适应这个过程非常有挑战性，一方面，由于之前只熟悉索取和被索取的关系，因此当我们不再是索取者的角色时，第一反应往往是担心自己成了被索取者；另一方面，我们完全不熟悉除了索取之外的健康关系形态，比如关心和被关心、需要和被需要、接纳和被接纳等，因此很容易下意识地把不熟悉的关系模式套用到之前的模板中。

在这个过渡和变化阶段，我们要记得不断提醒自己当下正在进行的行为。

"由于关注到内耗这个话题的契机，因此我开始看到自己的焦虑和恐惧，也真正决定关注自卑这位老朋友，改变期间有很多要适应的新体验，而我只需要不断温柔地提醒自己一件事情：我在做什么？我在不断往我本快干涸的内心空间注入新的水源，在注入水源的时候，也许会纠结、犹豫，甚至不耐烦，但我只要确定'我要让自己的内心无比丰盈'这一件事情就可以了。"

本节的标题——"一直游到海水变蓝"是导演贾樟柯的一部纪录片的片名，其灵感取自片中作家余华单人口述中的一段描述："在我小的时候，看着这个大海是黄颜色的，但是课本上说大海是蓝色的。我们小时候经常在这儿游泳，有一天我就想一直游，我想一直游到海水变蓝。"

这段文字所蕴含的寓意和我们正在经历的自我成长历程很像，我们原本内心深处拥有一片蓝色的海，但出于各种原因，也许是污染，又或是地质结构的变化，海水变了颜色。

然而，这都无法改变我们内心深处拥有那片海的本质。"第三只眼"象征的"流动的我"，将会带我们继续游动，向着更蓝的方向前进，也就是距离成为原本纯净的自己更近的方向。

在我们向更蓝的海水游去的过程中，越来越清澈的水会让我们感到越来越舒服，但我们仍然会面临挑战和困难。不过大家不用担心，我已经为大家准备好了各种实用的方法，助力接下来的蓝色旅程！

第六章

社交面具佩戴指南

　　提到社交面具，有人的第一反应是排斥，因为这是虚伪的象征；也有人的第一反应是恐惧，因为担心被欺骗。其实，社交面具是一种非常合理的社交工具，更直白地说，它就是一种社交方式。只是它有时候会受错误观念的影响，从而变成邪恶的化身。在大家向着更蓝的海水游去的过程中，社交面具有很多有价值的功能：它会充当你的氧气面罩，让你和外界保持一定距离的同时，还能够自由呼吸；它还会成为你的雷达探测仪，路途遥远，它可以帮助你获取自己需要的资源或养分。这两种类型的面具代表两大核心社交面具，分别是拒绝面具和主动面具。除此之外，我还会帮你设计专属于自己的个性化面具，让你在成长的旅程中表露自己的声音和个性。面具需要保养，还有一些极其重要的注意事项，大家千万不能忽略。

　　在学习如何佩戴面具之前，首先要做"热身运动"，让自己的大脑保持一定的灵敏度，明确意识到面具和自我之间的关系。佩戴面具能够带来功能性和安全感的前提是，我们也有摘掉它的自由，所以学会摘掉面具是佩戴面具的关键前提。这个热身运动很简单：把两只手并拢，像手心里捧着水一样，缓慢靠近自己的脸，最终在与脸还有一定空隙的位置时停下，就像是给自己戴上了面具。然后把手缓缓放下，代表把面具摘下，可以如此反复几次，去感受手部运动带来的光感差异，这是面具摘戴的过程中会出现的具象化表现。戴上面具时为什么要与脸保持一定的空隙呢？因为这个动作是在提醒自己：面具始终是外在的介质，和自己真正的皮肤之间要保持距离，不能完全贴在上面。

唯有具备了这样的意识之后，摘下面具时才是顺利的、不撕扯的，否则当你想要摘下戴了太久的面具时，会发现它已经和自我粘连在一起，无法实现分离了。

做了这个热身运动之后，你还需要做一个准备，那就是确保在生活中有没戴面具也能感到自在的时刻，比如和自己亲近的朋友待在一起的时候，或是独处的时候。至少要保证在某种状态下，不用佩戴面具也能感觉到自己存在的价值。

如果做好了以上两个准备，就可以开始学习接下来的面具佩戴教程了。如果在实践过程中，发现任何一项事宜操作起来有困难或者完全无法实现，这就是需要专业帮助的信号，一定要及时求助。

拒绝面具：不止说"不"这么简单

大家还记得人际关系错位中需要核心考察的因素吗？没错，就是边界感。这是人际关系成立的前提。不管两个人有多亲密，或另一个人的权威感有多强，绝对不能出卖的底线是自己的安全边界。

所以，社交面具中最基础的一款面具就是"拒绝面具"，它守护着我们的核心安全感，让我们在各方面都不是很稳定的成长过渡期，可以为自己提供一个安全的成长空间。

下面，查看"拒绝面具"说明书（见表 6-1），开始学习如何正确佩戴它吧！

表 6-1 "拒绝面具"说明书

项目	内容	具体说明
核心功能	拒绝能力	明确知晓自己在不同情况下的边界范围 认可自己想要维护边界的方式 能够在想要实现边界目标时使用自己认可的方式达成

（续）

项目	内容	具体说明
佩戴的面具类型	大号	面具类型说明：满足拒绝能力的第一条 佩戴方式：列出至少在三种不同的人际关系类型下（建议分别是家庭关系、伴侣关系、朋友或同事关系，如果认为有比这几种关系更重要的关系，可以自行替代），自己希望实现的边界范围 举例： 小 C 在不同的关系中，希望实现的边界范围分别是： ①同事关系：互不干涉工作之外的私人生活 ②伴侣关系：大的人生规划共同决定，小的个人生活给予彼此充分的自由 ③人宠关系：尊重宠物的个性，不侵犯它们的边界，避免强行将它们变成自己想要的样子
	中号	面具类型说明：满足拒绝能力的第一条和第二条 佩戴方式：在可以熟练佩戴大号拒绝面具的基础上，同时列举出自己满意的维护边界的方式 举例： 小 C 满意的维护边界的方式是温和、有礼貌地、明确且清晰地表达自己的想法，不管是表达"是""否"还是"不确定"，都不含糊其词，也就是在态度上让人舒服，信息传达准确，同时避免过多地做没有必要的解释
	小号	面具类型说明：满足拒绝能力的第一条、第二条和第三条 佩戴方式：在可以熟练佩戴中号拒绝面具的前提下，用自己期待的方式至少维护边界一次

（续）

项目	内容	具体说明
		举例： （小 C 记录的一次成功经历。鉴于同事关系最有挑战性，所以小 C 选择了同事关系来进行练习。）同事李哥经常在我快下班的时候让我帮一些小忙，虽然都很容易就能办完，但也总会让我晚下班十几分钟。有一天，我决定用自己喜欢的方式拒绝他，我说："哎呀，李哥，真不好意思，今天不行。"整个过程我都是用很温和、很有礼貌的语气说的，但同时也明确表达了拒绝。虽然我有冲动想多解释一下以化解尴尬，但是我忍住了。李哥的表情有点意外，好像也夹杂着一点不悦，但我的礼貌和温和已经充分表达了我对他的尊重
	透明款	面具类型说明：可以连续两周毫不费力地满足拒绝能力的第三条 佩戴方式：反复佩戴小号面具，调整卡顿之处，让佩戴更加顺滑且没有压力 举例： （小 C 和李哥的互动还在继续。第一次拒绝李哥后，他安静了两天。）在这两天里，我观察了一下，突然意识到李哥平时很少找别人帮忙，那怎么之前一直找我帮忙呢？是因为我不会拒绝吗？这让我更加坚定了锻炼拒绝能力的决心。几天后，李哥又来找我帮忙。我借口去喝水，然后直接下班了。虽然达到了拒绝的目的，但这种合理拒绝别人诉求的行为还要偷偷摸摸的，让我很不舒服。但我当时实在找不到其他方式了。终于有一次，我留意到一个同事是如何拒绝李哥的，她竟然只做了一个表示自己很为难的表情，李哥就不好意思再问了。我简直太震惊了。于是，我开始关注同事们是如何拒绝别人的，结果发现了各种各样的方法，有很多方式都是我乐于学习的。在后来不断的练习中，我还意识到一件事情，一次拒绝表达的只是当时的态度，但当我能够不断地自信表达拒绝时，它就慢慢变成了我人格的一部分。再后来，我反而并不常遇到无视我边界而向我提出需求的情况

注:

1. 佩戴顺序：建议优先从大号面具开始尝试佩戴，等感觉在佩戴的过程中毫无困难和压力后，再佩戴更小的面具，直至有能力佩戴透明款（每当更换一个更小号的面具，就意味着之前被更大号的面具覆盖的部分，已经完全具备和外界互动的能力，该部分已无须面具防护）。

2. 即使佩戴失败（常常出现在小号面具的佩戴过程中）也不要沮丧，这个过程本来就需要练习，失败后可以总结一下卡在了什么位置，下次练习之前可以重点调整那个位置。比如，在佩戴小号面具的举例中，如果小C第一次尝试的时候，其他部分都做得很好，但最终没忍住还是做了很多解释，那这时可以使用之前帮助小C探索过的一个方式——尽快远离让自己可能失败的场景："哎呀，李哥，真不好意思，今天不行。（忍住想要继续解释的冲动）李哥，我先去卫生间了，你先忙。"

3. 佩戴时间：我建议每天晚上睡前都做一下热身运动，并且最后的动作都以"摘下面具"结束；或者每天都能和自己无须佩戴社交面具的人际关系进行互动；再或者，保证自己独自一人的时候，可以有意识地用最真实的自我和自己相处。

虽然拒绝面具和主动面具都是核心面具，但相比于主动面具，佩戴拒绝面具是难度更大却更基础的第一关，这也是它在练习顺序上要排在前面的原因。具体难度有多大，取决于你的拒绝能力处在什么水平。如果你害怕冲突，习惯用讨好的方式来处理人际关系，那么请多花点耐心在佩戴拒绝面具的练习上。佩戴拒绝面具的练习也会影响到主动面具的佩戴效果，敢拒绝并且能够坦然接受被拒绝，也是主动能力中很重要的一部分。

在练习中，还要注意的一个问题是，拒绝行为的本质是释放攻击性，因此，在被拒绝之后，出现不舒服的感觉在所难免，这是人际关系互动中默认存在的一部分。心理能力相对健全的人，是完全可以承受一定程度的攻击性的，不管是攻击别人还是被人攻击。一点攻击性都没有并不是心理平衡的状态。

　　我们在释放攻击性的过程中，要把握好度，注意不要过量，这也是为什么在佩戴中号面具的方式中，让大家首先确定自己想要维护边界的方式是否能够得到自我认可和肯定。这个过程是在确认释放攻击性的程度是否在自己能够接受的范围内。

　　比如，对于小C来说，很确定"拒绝别人的要求"是自己的诉求，也观察到有些同事的拒绝方式是更具攻击性的，像冷脸相对、言语讽刺等，这不是小C喜欢的方式。所以，每个人都有适合自己的方式，选择没有对错，只需看和自己的适配程度。小C最终希望实现的是能把信息传递到位，而自己可以做到温和且有礼貌。不过这只是小C的选择，并不是标准答案。如果你希望自己在拒绝的时候是犀利的或是幽默的，也完全没问题。拒绝的能力主要体现在你对于自己边界的清晰程度和维护边界的自信，而在拒绝的方式上，每个人都可以进行个性化的表达。

　　以上内容是针对拒绝能力较弱的人而展开的讨论。

　　如果你的拒绝能力较强，则需要更多地练习如何摘下面具。

　　那么，如何区分拒绝能力的强弱呢？在拒绝能力较弱的情况下，你常常会经历这样的心理过程："哎呀，我好想拒绝，但是我不好意思（或不敢、不知道如何）拒绝。"拒绝动机在前，纠结内耗在后。而在拒绝能力过强的情况下，则是只要别人提出需求或者要求，你的第一反应都是拒绝，几乎不考虑实际情况。在这种情况下，拒绝就变成了一种防御，即拒绝是你的一种应激反应，你想要保护自己。

为什么别人一提需求或要求，你就需要保护自己呢？可能是因为你曾经有相关的创伤，也可能是你回避或恐惧人际关系的亲密，总之你一定有自己的理由。如果你意识到这个理由具体是什么，并且认为当下仍有必要用拒绝的方式来保护自己，那么说明改变的时机还未成熟，你无须强行改变；如果你意识到原因，且认为自己已经做好准备去改变，那么就可以开始练习摘下面具的能力（关于这部分能力，请重点阅读本章的第四节）。

最终，我们想要获得的是适中、灵活的拒绝能力，这意味着在你产生拒绝动机的时候，相信自己有拒绝的能力。只要你想，就可以实现拒绝的结果。这也意味着拒绝不是把所有信号都挡在外面，它不应是一种自动化的防御本能，而应在感到足够安全的前提下，允许任何适合你的信号进入你的世界。

[第二节]

主动面具：不讨好别人，也不怕被拒绝

　　拒绝面具守护的是我们的安全感，主动面具守护的是我们的存在感。如果只有拒绝面具，那么就会把自己和外界隔离开。而我们需要人际互动，所以需要主动面具来帮助我们向外传递信息。这里提及的"主动"指的是，出于你的某种动机，发出的某种行为，而不是被动响应外界的信号。主动面具能够帮助你逐渐明确自己真正想要的究竟是什么，因为只有你真正想要的东西，才能成为你佩戴主动面具的动力，否则主动面具不会听从你的命令。下面请看"主动面具"说明书（见表6-2），开始学习如何正确佩戴它吧！

表6-2　"主动面具"说明书

项目	内容	具体说明
核心功能	主动能力	明确知晓"主动"和"讨好"的区别 认可自己想要表达主动的方式，并能在想要主动的时候付诸实践 主动的同时，也能够承受被拒绝的情绪
佩戴的面具类型	大号	面具类型说明：满足主动能力的第一条 佩戴方式：写出自己在不讨好的状态下，"主动"可以是什么样子的（注意：不讨好的主动并没有严格的定义，你只需要感受自己的主动是令自己舒适的，且没有格外压抑自己的情绪即可。）

♪ 至少今天不内耗

（续）

项目	内容	具体说明
		举例： 小Ａ对自己"不讨好的主动"写下了这样的理解：我在讨好的时候，有些小心翼翼，一方面是在观察别人的情绪，另一方面是害怕自己会被拒绝。从这个角度上来说，"不讨好的主动"就是可以大方讲出自己的需求，甚至要求，同时不害怕被拒绝
	中号	面具类型说明：满足主动能力的第一条和第二条 佩戴方式：在可以熟练佩戴大号主动面具的情况下，用自己满意的方式主动一次，可以是提需求或要求，还可以是主动发起邀约等，只要是自己产生的某种内在动机，并且是由自己主动发出的行为就可以 举例： 小Ａ记录的一次"主动"成功经历：在大部分情况下，我习惯于独自处理自己的事情，很少向别人求助，主要是不想麻烦别人。这导致我在很多时候都觉得自己不需要任何人。在开始这项练习之后，我开始留意自己到底有没有向外发出的需求。最终，我发现了一个明确的需求，但常常把它忽略——那就是电脑方面的问题。我以前的方式是小故障就凑合，大故障就换新，而我身边有很多懂电脑的朋友可以提供帮助，我却从来没有找过他们。最近，有一个一直困扰我的格式问题，于是我决定向朋友求助。求助之前我一直很拖延，迟迟没有给朋友发信息。在拖延的这几天中，我在想我到底在犹豫什么。思考后我才发现，原来我是在意朋友的评价，比如如果我问的问题比较简单，担心朋友会觉得我很笨。是对他人评价的在意，导致我的主动能力比较弱。当我决定不再纠结于可能面临的评价，坦然面对时，我就能主动向朋友求助并发出询问信息了，我也很快得到了回复。这个过程简单得像几句普通的问候，真不知道自己之前一直在纠结什么

（续）

项目	内容	具体说明
	小号	**面具类型说明**：满足主动能力的第一条、第二条和第三条 **佩戴方式**：在可以熟练佩戴中号拒绝面具的情况下，同时完成"在做出主动行为之后，真正接纳一次别人的拒绝" **举例**： （小 A 记录的一次成功经历。）这个练习非常需要耐心，一方面我的主动需求比较少，另一方面，即便出现主动需求，我主动提出的事情也不会太为难别人，遭遇拒绝的概率比较小。所以，我换了一个思路，在主动之前，就做好别人会拒绝的准备，而且完全尊重别人的拒绝。这个过程应该也在一定程度上，至少在心理上帮助我和"被拒绝"的情况达成和解了，我自认为接纳程度还挺高的。直到后来遇到一件事情，我才意识到，想象被拒绝和真实被拒绝的体验相差很多。有一次，我约一个很久没联系但是关系很好的朋友见面，因为关系比较好，所以我忘记这也是一种主动练习了。当朋友说最近没时间的时候，我一瞬间有点茫然失措，因为完全没预料到对方会拒绝。由于没有做好心理准备，因此当看到对方说没时间的时候，我开始内耗了，还特意回想了一下最近是不是有什么地方让对方不高兴了。但我看了之前的聊天记录，气氛挺好的。看来这是一次练习接纳别人拒绝的好机会。我总想为对方找到拒绝我的理由，这是不是也是一种不接纳呢？别人是否有权利因为任何理由拒绝我呢？果然，接纳别人的拒绝不是一件容易的事。我也突然明白，那些真正有自信、不内耗的人，到底为什么可以成为那个样子了。如果同样被拒绝了，身边那些令我欣赏的人可以发自内心地认为别人完全有自由和权利拒绝自己。回到我朋友的身上，我努力体验那种尊重对方拒绝的感受，发现这是一种"可以不再控制对方"的感觉，我想这也是一种接纳

（续）

项目	内容	具体说明
	透明款	**面具类型说明**：可以毫不费力地连续两周满足主动能力的第三条 **佩戴方式**：反复佩戴小号面具，调整卡顿之处，让佩戴更加顺滑且没有压力 **举例**： （小 A 对主动和拒绝又有了新的体验。）经历了上次的成功体验之后，我开始关注"控制"这个主题。我似乎一直在控制自己，比如我连自己什么时候可以流眼泪都要控制。相比于控制别人，控制自己似乎更容易达成，所以我对自己的要求很多也很高。这让我整个人都很紧绷。在练习主动的过程中，我发现这就是在让我去面对控制别人且很有可能失败这件事情。而我想要的并不是控制，而是安全感和存在感，但我错把控制当成可以获得这两样东西的方式。这个练习的难点在于，我要先放松对自己的控制，才能在社交中下意识地不再控制。这又回到一开始要解决的内耗问题。对于哭泣这件事情，我已经接纳很多了。之前在看电影的时候，遇到让我感动或难过的画面，我都会让眼泪憋回去。但现在我已经可以让自己的情绪更自然地表达了，不会再让自己把眼泪憋回去

注：

1. 佩戴顺序：建议优先从大号开始尝试佩戴，等感觉在佩戴的过程中毫无困难和压力后，再佩戴更小的面具，直至有能力佩戴透明款（每当更换一个更小号的面具，就意味着之前被更大号的面具覆盖的部分，已经完全具备和外界互动的能力，该部分已无须面具防护）。

2. 如果佩戴失败（常常出现在小号面具的佩戴过程中），也不要沮丧，这个过程本来就需要练习，失败后可以总结一下自己卡在了什么位置，下次练习之前可以重点调整一下那个位置。佩戴小号的主动面具和佩戴小号的拒绝面具相比，会额外增加一个难点，那就是在主动表达时的动机可能会受到练习要求的影响。比如我们的本意是表达自己的需求，但为了实现接纳别人的拒绝，可能会挑选一个明知对方会拒绝的要求来进行，那么这个时候动机就发生了变化，偏离了主动面具的意义。如果在练习中，很长时间都没有遇到被拒绝的情况，那我的建议是，可以像小 A 一样，在被拒绝的情况没有实际发生的时候，就先去适应和理解"别人拥有拒绝的权利"这一概念。等到真的遇到被拒绝的情况时，再结合之前的思考，真实地体验。

3. 佩戴时间：建议每天晚上睡前都做一下热身运动，并且最后的动作都以"摘下面具"结束；或者每天都能和自己无须佩戴社交面具的人际关系进行互动；再或者，保证自己独自一人的时候，可以有意识地用最真实的自我和自己相处。

　　很多人在练习主动的过程中，普遍会遇到一个障碍——认为主动是示弱和暴露需求的表现，给了别人伤害自己的机会。首先，这可能是一种担心创伤再现的恐惧，也就是说在过往的经历中，类似的情况造成了你被伤害的结果。这种类型的担心带来的障碍更强，同时也说明历史创伤还在影响着你当下的生活。如果这种担心强到让你完全无法进行主动练习，那就要及时寻求专业帮助。其次，即便没有经历过历史创伤，主动必然会带来被拒绝的可能，被拒绝虽可被视为一种社交伤害，但它也是合理存在的。每个人都有自己不同的边界和维护边界的方式，当两个人相遇时，就是彼此的边界在打交道的过程，产生摩擦是很正常的互动。如果你能在不断地练习中，逐渐对这种情况脱敏，也就是对这种合理的社交伤害不再那么敏感，而是能够接受它作为社交的一部分，你的主动最终会变成你的自然反应，不用再额外消耗心力去练习它。但如果你在练习的过程中，对于被拒绝始终反应强烈，那么还可以尝试下面的方法，重点训练这个难点。

这个方法叫"写剧本 14 天"。每次练习的周期设定为 14 天，每天都需要创作出一个剧本。剧本的长度没有限制，但每个剧本都是要关于"被拒绝"这个主题的。每个剧本可以在不同人物、不同场景、不同事件之间变换，目的是让自己在一段时间内，集中注意力，完整经历"被拒绝"这个主题可能带来的方方面面的体验。在这一过程中，一方面要去掉对它的敏感度，避免应激；另一方面要增强对它的熟悉度，避免排斥。剧本内容可以是对你真实经历的事件的改编，也可以是你想象中那些能够激发出自己很多情绪的场面，下面给大家列举 3 个剧本作为参考。

【剧本一】

时间：大学时某次期中考试结束。

地点：教室。

人物：我和暗恋对象。

事件：约暗恋对象吃饭。

对话：

我：考得怎么样？

暗恋对象：还不错，你呢？

我：还行。要不要一起吃个饭，庆祝考试结束？

暗恋对象：啊，抱歉，我待会儿有安排了。

我：那回头再约，先走了。

暗恋对象：再见。

【剧本二】

时间：最近。

地点：线上聊天。

人物：我和一个相处了 7 年的朋友。

事件：因为价值观不合吵架了。

对话：

我：咱俩怎么还能因为这种事吵起来呢？

朋友：我确实挺意外的，你竟然跟我想的不一样。

我：两个人有分歧也是很正常的吧。

朋友：不知道，我现在还觉得有点难以置信。

我：好了，消消气，改天一起喝杯咖啡，好好聊一下吧。

朋友：我想静一静，再说吧。

我：好。

【剧本三】

时间：想象的情况。

地点：工作场合。

人物：我和同项目组的同事。

事件：商量交换任务。

对话：

我：老板给咱俩的任务都不太符合我们彼此的专长，你感觉呢？

朋友：确实，这分配方案确实令人费解。

我：那要不咱俩交换一下，然后跟老板说一声，你觉得怎么样？

朋友：不太好吧，老板既然这样分配了，那就这样吧。

我：好吧。

上述剧本展示的是各种可能被拒绝的情况，大家在写的时候可以继续往下延伸，比如构思自己想要给出的被拒绝后的反馈，或者自己在被拒绝后还想再争取一下的场景。你还可以在剧本中加入对对方和自己的情绪描述。有一个关键点是，虽然对于剧本内容大家可以自由发挥，但在每个剧本结束的时候，还是要保证自己的状态是平静的。在上面三个剧本示例中，最后都以平静的回应结束，这可以让我们的大脑对平静更加熟悉和适应，从而摒弃之前习惯性的强烈心理反应和情绪波动。

这个练习的好处是可以随时随地进行，建议坚持14天，这样会有比较明显的效果。当然，间断性地去练习也没问题，每当你察觉到自己对被拒绝又很敏感的时候，就可以启用此项练习。当被拒绝不再是你的应激源或者压力源的时候，你的主动能力自然就会提升了。

以上内容是针对较弱的主动能力展开的讨论。

如果你的主动能力过强，则需要更多地练习如何将面具摘下。

如何区分主动能力过强或过弱呢？如果主动能力过弱，你常常会经历这样的心理过程："哎呀，我想表达一个需求（或想法、要求），但是我不好意思（或不敢主动），也不知道该怎么主动。"主动动机在前，纠结内耗在后。而在主动能力过强的情况下，每当自己心里产生想法和需求时，第一反应便是说出来，并认为别人应该回应或配合自己，几乎不考虑实际情况。在这种情况下，主动就变成了一种索取，致使人际关系的互动持续失衡，自我匮乏感会不断加重。如果你能够意识到自己的这种匮乏感，且认为自己已经做好准备去改变，那么就可以开始练习摘下面具的能力了（这部分内容请重点阅读本章的第四节）。

最终，我们想要获得的是适中、灵活的主动能力，这意味着你在产生主动动机的时候，相信自己有主动的能力。换言之，只要你想，你就可以做出主动的行为。这也意味着，你不会放任自己向外界索取，同时尊重别人拒绝的权利。

[第三节]

个性化定制面具：更好地成为你自己

以前我们常听到"要成为更好的自己"，而随着心理学的普及深入，我们开始意识到"更好地成为自己"才是真正的人生任务。那么，这两者的差异究竟在哪里呢？

"成为更好的自己"无意中传递了这样的信息——完美的自我比完整的自我更值得追求。先不说完美主义是如何让我们变得焦虑和抑郁的，这样的追求方向原本就会加重我们自身存在的问题。"更好地成为自己"肯定了"自我"的存在性无关好坏，无论你本来是怎样的存在，都是被允许的。而如何能够找到完整的自我，才是我们需要学习和探索的方向。

那我们本应是什么样的呢？

不同的心理学理论会有不同的答案，在这里，我结合各理论的精华，和大家分享个人的见解。我对于"我们本应是什么样的"这一问题的思考包括三个维度，分别是时间维度、适应性维度和不可知维度。时间维度包括历史成长、当下人格和未来潜力；适应性维度涉及内在自我与外界社会环境之间的互动和碰撞；不可知维度意味着在做到已知的 60% 的情况下，给未知留有足够的发展空间。在这三个维度下表现出来的自己，就是我们本来的样子。

我将这三个维度整合成了三个可以操作的步骤，也可以说是三个需要满足的条件。这三个步骤有完成的先后顺序，依次按序号排列。

1. 完成至少 60% 心理发展阶段的任务

在成年之前，我们在每个阶段都有要完成的心理任务，具体任务如下。

1 岁之前：存在感、分裂感、安全感和信任感。

1 ~ 3 岁：探索欲、羞耻感、价值判断和自我主见。

4 ~ 5 岁：自尊、内疚感、责任感和价值感。

6 ~ 11 岁：多维度自我、行动力、胜任感和自卑感。

12 ~ 18 岁：自我统一、亲密能力和自我延续。

每个任务都有对应的方法可以练习，具体可以参阅我的另一部著作《二次成长》。我们在成长时期要完成的任务还是挺多的，很多原生家庭都没有接受过基础的儿童心理学教育或者亲子关系教育。尤其是很多原生家庭本身就存在诸多问题，这就会对孩子完成成长任务形成阻碍，甚至造成破坏。所以，一个人能够生存下来的同时，还能够有一定程度的成长，真的不是一件容易的事情，这是非常重要的自我共情点。

与此同时，我们并不需要追求满分的成长纪录，不用试图把每一个任务都完成得近乎完美，仅需要达到 60% 的完成度和完成质量就可以了。这里的 60% 意味着，所有任务中的 60% 我们都完成到了至少 60% 的水平。在这样的完成度下，我们获得的心理资源就足够进入社会，继续发展更成熟的人格特点了。

看到这里，你可能会担心：成长期已经过去了，错过的任务就无法完成了吗？当然不是！心理成长既脆弱又顽强，脆弱是因为原生家庭的创伤会给我们带来深刻且长久的影响，而顽强是因为只要我们的内在产生动机，它就可以在心底再次发芽①。

2. 至少具备成人社会所需的心理能力的 60%

成年之后，我们所处的社会阶段发生了变化，从以前学校和家庭之间两点一线的简单生活模式，过渡到开始与复杂的人际关系和社会关系相处。如果成长阶段的完成度达到了 60% 或以上，就可以开始学习成人社会的心理能力了。比如，若已具备最基础的两项能力——拒绝能力和主动能力，那么实现这个阶段完成度的 60% 是没有太大难度的。然而，如果之前心理任务的完成度就存在较大的缺漏，那么在这个转变巨大的阶段，就可能会出现极

---

① 成年之后，我们完全有机会根据科学的方法，实现二次成长。我的另一部著作《二次成长》的书名也由此而来，其中分享的方法也主要是针对成年人设计的。

强的不适应感，甚至会出现各种较为严重的情绪问题，如焦虑、抑郁等。

如果大家不确定自己的成长任务完成度是多少，那么也可以直接进行本章提出的拒绝面具和主动面具的训练。如果你能靠自主的行动和努力完成训练，那么可以不用太在意历史心理任务的完成情况，因为这表明这些任务大概率完成得还不错。这两个能力代表的是 60% 的成人社会所需心理能力的分水岭，如果在完成的过程中明显感觉困难，可以先审视一下是不是历史任务的完成过程中存在缺漏，这个部分也有针对性的自我成长方式（详见《二次成长》）。

3. 同时接纳自我的确定性和不确定性

当实现了前面两个目标之后，就要再次使用"第三只眼"去感受"流动的我"，并在安全屋里感受确定性，然后接纳所有的确定性，再允许自己去体验更多的未知。处在这种状态下，我们对"自己本应是什么样的"便会逐渐形成自己的描述。

这个描述一般分为两个部分。一部分是已经确定的自己表现出来的样子，这里肯定有你认为的优点和缺点。通常，我们会毫不犹豫地把优点视作自己个性化的部分，但其实缺点也是我们个性化的部分，甚至比优点带来的个性化效果更强，比如你有自己认为可爱的缺点和自己会嫌弃的缺点。不过，某个缺点即便是你嫌弃的，也不影响它被你所接纳。另一部分是未来有可能发展的部分，这里有你对自己潜力的逐渐挖掘，也有变化不大的地方，而且也分为自认为的优点和缺点。要注意的是，没有变化并不代表你是停滞不前的，而这恰恰是你明确选择的结果，因为"主动保留"这个动作本身也是一种积极努力，是很重要的自我的一部分。

下面大家可以对照表 6-3，审视自己本来的样子。

表 6-3　自我解剖表

确定的自我	自信的优点	可爱的缺点	嫌弃的缺点	其他
未知的自我	待发展的潜力	保留的优点	保留的缺点	其他

注：

1. 在填写的时候，对于不管是"自信的优点"还是其他各种缺点，都要带着自我接纳的心态。如果某个空格位置所涉及的内容尚难以被自己接纳，可以暂时先写下自己无法接纳的原因，这会成为后面个性化定制面具时的宝贵素材。

2. 在"其他"处，可以填写你觉得重要的分类，比如小怪癖、小阴暗、小梦想、小遗憾等，欢迎你根据自己的特点来设计。

3. 每个空格填写条目的数量原则上没有上限，只要是你观察到的与自我认知相关的内容都可以填写进去。不过，我的建议是，在你可以实现的情况下，每个空格中条目的数量尽量不要相差太多。如果你发现有些空格和其他空格之间条目的数量相差过多，那么这可能说明你的自我认知存在偏差或较大的盲区，建议在专业人士的帮助下更完整地看待自己。

大家可能会有一个疑问：**为什么这样的自我便是本来的自我呢？** 首先要明确一个很重要的认知——"本来"这个概念就意味

着一定的未知。比如，你与生俱来的气质类型 ① 在你尚未出生之时就有一定的倾向性了，而至于你究竟有怎样的倾向性，当下并没有准确的生物监测指标可以告诉你。

那么，我们又该如何知道自己身上与生俱来的心理方面的特点呢？那就要通过我们和外界的互动。很多实验结果显示，即使双胞胎拥有一样的基因型，在一样的生活环境中成长，也可能会被塑造出两种完全不同的性格，其中的差异性就是每个人个性化的心理特点。

我们对不同事物做出的不同反应，其中包含了不同事物本身的差异性。但是，我们对相同事物做出的不同反应，就涉及我们个性化的心理过程了。

所以，"本来的我"会在和事物的互动中表现出来，这是很有趣的探究方式。但由于我们在成长期受到不同程度的创伤时，会形成一些应激模式，这掩盖了本来的反应。所以，我特别设置了前两项标准，可以在一定程度上帮助大家去除创伤的影响。

当我们的成长任务和成人社会所需能力的完成度都能达到60%时，创伤的影响就变得很微弱了，我们便有机会在各种互动中看到自己本来的样子。

明确了自己本来的样子之后，我们就可以开始个性化定制自己的专属面具了。定制面具的一个大原则是，以自我解剖表为参

---

① 个体在情感、态度和行为方面相对稳定的个性特征。

考，将你暂时还不能接纳的自我特点摘取出来，或者将你想要发展的自我潜力作为定制对象，根据表 6-4 中的规则，设计自己的个性化面具。

表 6-4　专属面具个性化定制的说明表

定制步骤	步骤说明	举例
建立兴奋点	和你想要获得的结果建立兴奋关系 建立兴奋关系的方式：找出你兴奋时会有的表现，比如跳起来或者尖叫等。当你想象想要的结果或者这个结果正在出现时，就做出你的兴奋动作。这个过程可以帮助你扭转和目标结果之间的关系，从之前的负面联结转变成正面联结 当在连续两周里，不管是想象中的结果出现时，还是这个结果实际出现时，你都能下意识地做出兴奋表现，这时这个步骤就完成了	例 1：小 A 不接纳自己流眼泪的行为，下面是小 A 和"流眼泪"建立兴奋点的方式 小 A 在兴奋的时候，常常会有的表现是，右手的拳头在空中挥舞，然后脱口而出一声"yes"。每当小 A 想要流眼泪的时候，就尝试做出这个动作 例 2：小 B 想要发展自己能够独立的潜力，下面是小 B 和"独立"建立兴奋点的方式 小 B 在兴奋的时候，喜欢原地转圈，这个兴奋动作很简单也很方便。小 B 的难点在于把握"独立"的定义。独立是相对抽象的目标，所以小 B 需要先把"独立"具象化，比如可以是"独立完成自己认为有难度的事情"，或者"自己一个人的时候也能够感受到安全感和幸福感"。对于小 B 来说，前者在一定程度上已经实现了，后者是自己目前更关注的潜力。每当小 B 独处时能够让自己感觉到安全或者幸福，就可以做出原地转圈的动作

（续）

定制步骤	步骤说明	举例
建立熟悉度	进入建立熟悉度的阶段后，要开始减弱刻意的兴奋表现（不用控制自然而然的表现） 建立熟悉度的方式：找出一个平时能够让你平静和放松下来的动作，比如深呼吸或者冥想。当你想象想要的结果或者这个结果正在出现时，就做出你的平静动作 当在连续两周里，不管是想象中的结果出现，还是这个结果实际出现时，你都能下意识地做出平静动作，这时这个步骤就完成了	例1：小 A 和"流眼泪"建立平静关系的过程如下 小 A 起初在想要流眼泪的时候，第一反应是排斥和厌恶，但后来经过兴奋点训练之后，开始和"流眼泪"建立了兴奋关系，很少再有负面评价。接下来，又进入平静关系的阶段，小 A 逐渐不再在流眼泪的时候做出兴奋动作，转而采用自己常用的平静动作——在屋子里来回踱步 例2：小 B 和"独立"建立平静关系的过程如下 小 B 曾经和"独立"的关系非常遥远，一旦靠近就会产生恐惧情绪，小 B 非常想依赖他人来赶走这种恐惧。但小 B 回想起自己在很小的时候，明明有很多独立的画面，所以小 B 坚信独立是自己的潜力之一。在开始建立兴奋关系后，小 B 对独立的反应越来越积极。在进入平静关系后，当独处时能够感受到安全感和幸福感的小 B，不再做出兴奋动作，而是改用自己常用的平静动作——闭上眼想象自己在大森林里，然后进行深呼吸

（续）

定制步骤	步骤说明	举例
更新自我解剖表	将已经完成上面两个步骤的目标结果，更新在自我解剖表中，代表它已经成为自我接纳和认可的一部分 目标特点的个性化面具制作完成	例1：小A之前将"流眼泪"放在了"嫌弃的缺点"分类里，处于不接纳的状态。现在小A将"流眼泪"放在"可爱的缺点"分类里，接纳它成为自己的一部分 例2：小B之前将"独立"放在"待发展的潜力"分类里，现在小B开心地把它转移到了"自信的优点"分类中，并开始对下一个面具的个性化定制跃跃欲试

注：

1. 建立兴奋点的时机是可调整的。比如对于小B来说，如果"自己一个人的时候也能够感受到安全感和幸福感"的时刻还比较少，那么可以把兴奋点的时间点往前移，先从"一个人的状态"开始建立。每当自己一个人的时候，不管是什么情绪，都可以用原地转圈的方式来建立兴奋点。当这个兴奋点建立起来之后，就可以逐渐向目标状态靠近了。

2. 每一个定制面具对应一个个性特点（比如小A对应的是"流眼泪"，小B对应的是"独立"），尽量不要把不同的元素混在一起，否则会让大脑在建立兴奋点的过程中产生混乱。

3. 不同特点的面具定制之间，建议间隔至少三个月的时间。成年后发展的新特点或者进行的大改变，往往不稳定，所以当一个面具定制完成后，请耐心地给它至少三个月的时间，待它成为你稳定的一部分后，再考虑制作新的面具，不要像小B一样操之过急。

读到这里，相信大家已对社交面具有了不一样的理解。它绝不应被理解为一种虚假的伪装，而应被视为我们在和外界的互动中不断学习"更好地成为自己"的有效方式。每一个面具都是自我的一个切面，每个切面都是真实自我的一部分，我们最终的目标是找到更完整的自己。

透明的面具: 完整的自己

　　大家还记得高阶的面具形态应该是透明款吗？在以往的想象与认知里，我们可能认为戴面具是一件很痛苦的事情，或者认为切换面具和成为真实的自己很麻烦。当我们产生这样的感觉时，说明可能当下佩戴的面具还比较初级，也可能它并不是最适合自己的类型。当你用正确的方式佩戴适合自己的面具时，面具最终会变得透明，甚至逐渐消失。届时，你不再有摘戴面具的明显感知和动作，而是已经具备了在不同环境中，面对不同的人际关系，处理复杂问题的能力。在这个过程中，除了要掌握前面三节已经跟大家分享的方法，还有三个重要的技巧，可以帮助大家更顺利地继续完成接下来的旅程。

1. 如何摘下面具

　　在前两节中，我已经简要地向大家介绍了摘下面具的方式——在佩戴面具训练阶段，晚上睡觉前做一些有象征意义的摘面具的动作，还有每天尽量留给自己一些卸下面具的时间，可以是独处，也可以是投身于能够让你没有任何相处负担的人际关系。在人际关系中保持没有面具的状态这件事，不仅不完全由我们自己控制，还会面对诸多人际冲突的挑战，因此，我比较推荐在独处时进行摘面具的练习，方法是不断训练自己能够保持自我坦诚的状态。

具体的操作方式是，每天在睡觉前或者任何你觉得放松的时间，回忆当天令自己印象深刻的一件事。无论这件事是通过什么方式令你印象深刻，只要是你在做这个练习的时候，第一件想到的事即可。然后用写剧本的方式还原这个事件，写完后再修改剧本。修改的规则是当你发现对于剧本中的某一个细节，自己并没有按照本意做出表达或表现时，就将其修改成你本来想要说的话或做的事。也许你本意想要说的话很邪恶，想要做的事很冒犯人，但没关系，因为这个过程完全是属于你的个人空间，故越坦诚越好。在修改完成后，重新阅读剧本。这个过程就是摘面具的过程，可以让你的自我得到充分的舒展和呼吸。

2. 如何让面具逐渐趋近于透明

当你佩戴的面具和当下客观的自己相差较大时，面具给你带来的负担一定是不轻的。而当你佩戴的面具和当下客观的自己差距逐渐缩小的时候，面具也会更加趋近于透明。

所以，让面具逐渐透明化的方法，除了前两节给出的定向方法（拒绝面具和主动面具有各自的透明款佩戴方式），还有一个适用于所有情况的方法，那就是不断缩小面具和客观自我之间的差距。

缩小的方式有两个可选择的方向：一是让佩戴的面具更接近当下客观的自我，比如在拒绝面具中，如果当下的自我佩戴大号的面具都有困难，也就是完成"明确知晓自己在不同情况下的边界范围"这个任务仍有挑战，那么可以把标准降低，比如改成"明确知晓自己在某一种情况下的边界范围"；二是让当下客观的自我对佩戴的面具更加兴奋和熟悉，具体操作方法可以参考表6-4"专属面具个性化定制的说明表"中的前两个步骤，即建立兴奋点和建立熟悉度。

当各个面具都趋于透明时，你就不会再感受到明显的负担，同时也会更加理解面具和真实自我之间的亲密、友好，以及互相支持的关系。

3. 如何更加完整

"完整的我"究竟代表什么呢？截至目前，本书提到了很多关于"我"的概念，为了让大家清晰地理解"我"的定义、差别，以及互相之间的关系，请参见表6-5。大家可以按照各个"我"的说明，并参考给出的示例，写出自己的版本。

表 6-5　全部的"我"

"我"的名称	"我"的说明	示例
流动的我	侧重在时间维度上自我的各种变化。只要是"第三只眼"观察到的自我表现，都属于"流动的我"。"流动的我"可以是任何类型或状态的"我"，它是任何时间切片下的"我"	"我"昨天跟朋友玩得很开心，那么昨天"流动的我"就是享受朋友关系的"我"。但是，昨天玩到很晚，今天有点累了，如果有朋友再约"我"出去，"我"可能就不会那么享受了。那么，今天"流动的我"就是更想独处的"我"
本来的我	侧重与生俱来的气质类型和人格特点的倾向性等，难以被直接确认，但可以在排除创伤影响和社会影响之后，通过和外界的互动得以捕捉和感知。"本来的我"相对稳定，但又充满未知和潜力，是宝贵的心理资源	"我"已经是成年人了，在面对别人的拒绝时，"我"非常难受，难受到下次不想再提出要求，给别人拒绝"我"的机会。但是，这种难受的状态到底是一种创伤反应，还是"我"本来就对被拒绝更加敏感呢？这是无法通过某一件事来确定的。我们要先进行创伤的确认和恢复，可能成长过程中确实经历过类似的创伤，所以要先排除这部分的影响。也许"本来的我"是无所畏惧的，只是被创伤事件影响了（如果你还有创伤发生的时间点之前的记忆，那么还有一个更简单的判断"本来的我"的方法，那就是尽可能多地回忆创伤之前的自我是怎样的，这比目前在成人状态下去感受"本来的我"有更大的参考性）

（续）

"我"的名称	"我"的说明	示例
客观的我	侧重客观实际的语言或行动表现等，也就是在不探究背后动机的情况下，具体说了什么、做了什么的那个自己。"客观的我"是一种结果，是各个"我"互相影响，以及和外界互相作用后的结果	有一个朋友想请自己帮忙，"我"心里的真实想法是："最近好累，虽然我有空闲时间，但自己更想休息。"而"客观的我"则告诉对方："好呀，没问题！"并且在实际行动上也帮助了对方。这个朋友可能完全不了解"我"心里的想法，会评价"我"是一个非常热心的人
戴面具的我	为了达成某种目的，侧重在人际关系或者社会环境中，对自己进行一定训练后表现出来的自己。"戴面具的我"和"客观的我"都会关注外在表现，但区别在于，"客观的我"不强调动机，只描述结果，而"戴面具的我"优先关注动机，还要评估行为结果是否符合动机想要达成的目的	"我"在参加亲密朋友的聚会时，"戴面具的我"可能完全不谈工作，而更多关注生活的状态。这样做的动机，是在朋友聚会上想要放松自己，尽可能远离利益交换的场景。而"我"在参加商务聚会时，有明确的工作目的，那么"戴面具的我"就会更多关注在工作上有往来价值的人际互动

（续）

"我"的名称	"我"的说明	示例
真实的我	侧重意识层面，"真实的我"体现在大脑中形成的想法、情绪等。也许这些已经产生的想法和情绪，并未从外在表现出来，常常只有自己一个人知晓	在"客观的我"的举例中，朋友请自己帮忙时，自己内心产生的想法代表的是"真实的我"，不过只是其中的一个维度。往更深处挖掘，"真实的我"的想法是"如果我能拒绝对方就好了，但这是我很好的朋友，之前也帮过我很多忙，这次就算我很累，也应该帮对方"
完整的我	"完整的我"的基础版本可参考自我解剖表，可以先用这一简单的方式来理解"完整的我"。更系统、全面的版本就是包含以上所有的"我"的类型，你能够看到、理解并接纳所有的"我"	—

"完整的我"是值得我们一生探索的目标，因此并不急于在当下立刻完成，它更像我们人生的指引性方向标。从这个角度上来理解我们的人生，内耗的出现的确不是一件坏事。因为内耗就是在协调各个"我"的冲突时，遇到了挑战和困难。这说明，我们潜意识层面的各个"我"已经活跃，具备了追求"完整的我"

的内在动机。我们只需要厘清各个"我"的定义，还有它们互相之间的作用关系，就能解决内耗问题，也能在追求完整的旅程中继续前进。

第七章

控制

一般大众对控制的普遍理解是，一个强势的人对一个弱势的人施加压力，不考虑对方的感受，从而得到自己想要的结果，甚至让对方完全听命于自己。

首先，这无疑是一种控制。不过，控制远不止于此。比如，我们可能听到过"受害者心理"这一概念，意思是有些人在关系中或者环境中总习惯将自己处在受害者的位置上，以此来释放委屈的情绪，博得别人的同情和照顾，甚至勒索外界的情感或利益反馈。

"受害者心理"说明，弱者同样也会出现控制这种心理模式，而且强度不亚于我们通常以为的"控制"，甚至更隐蔽、更具有控制性，对我们的伤害也更大。如果我们能意识到自己正在做一件令自己困扰的事情，那么即便我们不可控制地还会去这样做，也同时会带着一定的抵抗性。我们以为这样一来，这件事情对自己的影响就不会更深入了。但如果我们未能意识到自己正在做一件伤害自己的事情，就意味着这件事情和我们之间的关系处在潜意识层面，即处在我们的盲区中，我们显然无法同时进行明显的抵抗，因此这件事情对我们的影响会更深入。

再比如，在本书中，我引领大家正在开展的内耗自我成长训练，各位在训练过程中其实也充满了控制。我们不可避免地会希望在做了某些练习或操作后，可以获得某种结果，否则就会经历失望或自我怀疑等负面情绪，这难道不是一种控制吗？

自我控制会让自我成长在一段时间内产生好的表现，但如果不加以干预，任由其发展，这种好的表现不会一直持续，它渐渐会从内部腐蚀自我成长，让我们辛苦达成的成就土崩瓦解。不过，能够成长到现在，说明我们剖析自己的水平已经非常高深了，这本身就是值得庆祝的里程碑，所以请大家以欣然接纳的心态，邀请接下来这个有挑战的任务进入成长旅程。不用害怕和担心，因为来到这里，就说明我们已经做好了这个阶段需要做的准备。

总之，控制的本质无关强势或弱势、有意或无意，也不分自己还是别人，而是我们在面对未知时，强烈地期待或欢迎某一种特定结果的出现，否则就会对外界或自己释放各种形式的攻击，比如不满、责怪或情绪勒索等。

控制是非常消耗心理资源和能量的一种心理模式。在第四章，我曾把我们的内心比喻成一望无尽的大海，控制的存在就像大海底部的坑洞，控制程度越强、控制范围越广，坑洞就越大、数量就越多。这样一来，我们无论多么积极地往其中蓄水，最后水都会流失，最终又陷入干涸的境地。

所以，在这一章中，让我们一起来修补海底的坑洞，保护重要的心理资源吧。

控制曾带来安全感

就像第五章讨论过的"自卑曾经是一种动力"，控制也曾经给我们带来过安全感。在成长过程中，我们可能因为各种各样的事情，没有很好地建立起安全感。但安全感就像空气，在它很充足的时候，我们可能不会注意到它，但是稍有不足，我们就能明显感受到呼吸受阻，严重时甚至会有窒息的感觉。这种不适感促使我们在缺乏安全感时，去尝试用各种方式来快速获得安全感。控制就是其中一种常用的方式，这是我们求生的本能。

不过，做出控制的行为只是开始，因为单纯发出控制的信号并不能直接让自己感受到安全感，这就如同在即将溺水时抓住了岸边的一根救命稻草，而"抓住"这个动作本身并不一定能阻止身体下沉，只有当这根稻草的根基足够深时，才能稳稳地经受住我们的拉扯，最终让我们得以获救。

发出控制信号就像刚伸手抓住救命稻草的瞬间动作，而这根稻草是否会回应我们的控制，那就是另外一回事了。不过，我们的潜意识往往也很聪明，我们所选择发出控制信号的对象通常不会是那些边界感足够强，并且强烈拒绝被侵入的人，我们一般倾向于选择那些容易被控制的对象。这些人的特点可能是较为懦弱或者具有很强的同情心，会向身边的人伸出援手。这样一来，我们发出控制信号后，便得到了期待的回应，暂时感受到片刻的安全感。

一旦我们的控制得到了期待的反馈，就会逐渐开始依赖这种行为，而且试图把控制的模式带入生活的方方面面。

例如，小 A 起初只是在学习或者工作上显著地表现出控制倾向，后来在发现控制模式能够给自己带来一系列好的结果之后（比如好成绩和高奖金），就会不可避免地想要应用在其他令自己失控的场景中（比如自己遇到事情爱哭的行为）。

再看小 B，起初其通过突破伴侣边界感的方式来让自己获得安全感，那个时候两人还在热恋期，对方似乎并不排斥这种虽有控制倾向但热烈的情绪表现，甚至会让出自己的边界来配合和讨好小 B。这个过程让小 B 获得了极大的满足感和安全感。然而，遗憾的是，两个人并没有在后来的相处中发展出其他让彼此舒适和感到安全的方式，导致控制与被控制在不知不觉中成了唯一的方式。所以，可以预见的是，小 B 在之后的生活中每当感到缺乏安全感时，就会优先使用这种方式来获得满足，甚至会建立这样一种认知观念：只有通过这种方式，才能真切地感受到对方的在意和爱。不可否认的是，小 B 最初因为控制而获得的安全感确实也是真实的体验，不然也没有机会发展到对其依赖的程度。

　　控制给我们造成的困扰显而易见，但正如我们要理解和感谢自卑带来的动力一样，我们同样要理解和感谢控制带来的安全感。这一认知过程必不可少，因为没有任何一个心理模式具有绝对（全好或全坏）的属性，每个心理模式跟我们的关系都是独一无二的，它们映射出了我们是怎样的人、经历了怎样的体验，以及接下来要做怎样的选择。

　　那么，如何感谢控制呢？还记得第五章第二节中所提及的"和自卑这位老朋友的告别仪式"吗？这个方法的模板可以套用在任何和我们有复杂关系的对象身上，该对象可以是一种心理模式，也可以是一个具体的人（感谢的方式直接参考该方法的步骤一即可）。

内耗是控制失败的结果

虽然追求全然接纳、毫无控制的人生，是我们可以持续努力的方向，但我们终究是普通人，要求自己身上不能有一丝一毫的控制痕迹是不现实的。少量的控制残留是无伤大雅的，我们真正要解决的是大量的弥散性控制。

弥散性控制带来的必然结果就是控制失败，因为控制是违背自己或别人的需求或意愿，强加在身上的一种压抑性外力，过强就会引起反弹。

"控制失败"本身就是一个冲突的矛盾体，因为控制就是为了成功，当面对失败的结果时，这种认知失调的程度是非常强烈的，而在第二章中我们讨论过"认知失调是滋养内耗的土壤"。内耗总是反复发生，很难解决的原因也在于此。控制失败之后，人的第一反应往往不是放弃控制，而是更加关注控制本身，精进自己的控制方式，或者干脆就用更强烈的、更有攻击性的方式施加控制。

要破解这个循环，首先要充分理解为什么会形成这个循环。

下面是让我们容易陷入"内耗—控制"循环的三个误区，以及与之对应的有针对性的解决策略。

误区一：控制，是获得安全感的唯一方式。

由于在成长的过程中，我们可能几乎没有体验过健康地建立安全感的方式，因此对于这个部分的认知是相对空白的，但不安全感带来的不适感又极为强烈，所以我们就本能地采用了控制的方式来应对。

我们来看这样一个场景：伴侣之间无法时刻保持线上联络是一种常见的情况，当一方没有及时回复的时候，另一方可能有各种各样的反应和表现。对于安全型的人来说，对方没有及时回复的话，就会等待对方回复之后再与其沟通和确认。但对于第一反应是控制的人来说，比如小 B，一旦对方没有及时回复自己的消息，首先就会引起自己对糟糕结果的联想。在产生不安后，就会启动控制模式，通过不断联络对方来更快获取回应，从而消除这种不安。

小 B 这种类型的人和安全型的人的区别在于，安全型的人可以通过等待或者多元的可能性让自己安心，但小 B 只能通过控制型的输出来让自己安心，完全想不到还有其他方式，或者完全不认为其他方式有效。

当然，这是两种极端情况，大部分人都处于中间的某个位置。他们主要采用各种转移注意力的方式让自己安心，比如先去跟朋友聊会儿天，或者做些自己喜欢的事情。大部分人并不是经历的不安更少，而是对不安有更高的耐受性，因此也就不认为控制是唯一需要采取的方式，也不需要用控制这种过于耗能的方式来安抚自己。

因此，当控制是你认为获得安全感的唯一方式时，要先思考的一个问题是：自己对不安的耐受度是否过低，以至于没有办法继续在生活中行使正常的心理功能？在这种情况下，可以尝试练习并提升自己的不安耐受度。

大家还记得表 6-4"专属面具个性化定制的说明表"中的方法吗？当我们想要和一个复杂的对象（尤其是主要带来负面影响的对象）建立新的关系时，也可以采用这个方法。先建立对"不安"的兴奋点，再建立熟悉度，最后更新自我解剖表。

在调整自我认知后，你会发现，原来我能够成为一个不容易被不安点燃的人，也能够成为一个面对不安，可以耐心等待或者做一些事情转移注意力的人。有了一定的不安耐受度，你就有了充足的自由和空间去学习更多和不安相处的方式。你会意识到：原来控制并不是最好用的方法，还有这么多有趣、有效的方法。

误区二：更成功的控制，是解决控制失败的方式。

在一件事情失败后，我们的第一反应是要总结经验，以期下次能成功，这似乎是非常合理的逻辑。但这里忽略了重要的一点，万一这件事情本就不值得去做呢？万一这件事情的本质就注定会带来糟糕的后果，而与它成功与否无关呢？

没错，"控制"就是这样的一件事情。如果失败了，它会让你陷入内耗的痛苦；如果成功了，它会让你在下一次失败时陷入更痛苦的内耗。那么，为什么我们把注意力放在"如何能够成功实施控制"上是有问题的呢？如果我们每次都控制成功了，不就可以摆脱内耗了吗？

实际上，如果你控制的是别人，那么所谓的控制成功只是一种暂时的假象。比如对方出于某种目的，当下让出了自己的主权，对方会暗自设定一些交换条件，但这是你并不知情的一笔"交易"。如果最终对方没有获得最初想要交换的条件，那么在对方确认这一点的瞬间，这个假象就会立刻崩盘，让你不知所措。你会觉得对方突然变了或者背叛了自己。但事实上，如果不是在有重大事件或者变故的情况下，一个人是很难突然发生变化的。更有可能的情况是，对方发现让出主权也无法得到自己想要的结果，或者在这个过程中消磨了所有耐心，导致"交易"失败或者提前结束，而且，这仍旧是在未提前告知你的情况下发生的。

比如，小B一直不理解，平时总是忍让自己的伴侣为什么会突然采用冷暴力的方式来对待自己。原因其实很简单，小B的伴侣一直以为只要配合小B的控制，就可以避免冲突，甚至消除冲突。但在频繁的争吵中，小B的伴侣忽然在某个时刻意识到这个目的无法实现，因此先前的配合行为也会随之消失。而这段控制成功的假象，却让小B误以为对方在自己的控制下，成了愿意被自己侵犯边界、满足自己需求的人，还以为自己的控制成功了。但事实是，从头到尾，小B的伴侣没有一刻喜欢被侵犯边界，而小B也从不知道，对方这样做原来是为了避免冲突。

如果你控制的对象是自己，想必这个感受会更直观一些。比如很多人都希望成为一个无比自律的人，但他们可能有所谓的拖延症，于是列了很多计划，信誓旦旦地表示一定要完成，但结果往往是在短暂的积极行动和无数次的失败之间不断循环往复。我们从来没怀疑过"让自己成为不拖延的人"会是问题的症结，总觉得是方法不够好。于是，我们去网络上继续搜寻更有效的解决拖延症的方法。但其实，失败的原因从来都不是方法不够好，而是"控制"本身就是违反人的本性的，所以注定失败。

因此，当我们的注意力一直在"如何让一件失败的错事变成一件成功的错事"上徘徊打转时，我们就会被内耗的旋涡紧紧禁锢，难以挣脱。不过，之所以会采用这样的应对方式也确实不能完全责怪自己，因为和控制相处，本身就是一件非常有挑战性的事。在第八章中，我将用一整章的内容来帮大家面对和拆解这个挑战。

误区三：如果放下控制，我就变成了弱者。

当我们向外界释放控制，并且得到了期待的回应时，会产生一种自我感觉非常好的掌控感，随之而来的是自信和强大的感觉。这时，我们误以为这是控制带来的。

因此，即便当我们被控制折磨得想要放下的时候，又会升起这样的念头：如果我放下控制，不就有可能变成被控制的一方，然后成为弱者了吗？于是，我们会再逃回控制者的位置上，不敢再移动。这真的是一个不小的误会。强者和弱者并不是以控制能力来区分的。内心真正强大的人，敢于面对自己出现的任何情绪，而不是不出现某些特定情绪。相反，认为自己脆弱或懦弱的人，更容易找一个隐蔽的角落躲藏起来，逃避令自己害怕的情绪。而控制正是这样一个用来躲藏的角落。

就像本节开头所强调的，我们并不是要强制自己不能有任何控制的念头或行为，而是借助"流动的我"来理解，至少可以向自己坦诚：可能当下的自己很脆弱，所以使用了控制的方式，而不是欺骗自己正在用虚假的强大来武装自己。

以上三个误区让我们在"内耗—控制"的恶性循环模式中旋转，请大家多多使用"第三只眼"来观察自己的处境，深入理解将我们不断拉回内耗的控制力。在这个过程中，我们可能会意识到控制曾经带来的麻烦或伤害，和对待自卑一样，我们也要经历理解和原谅它的过程。

原谅控制的方式，可以参考第五章第二节中和自卑的告别仪式的步骤二。这个步骤需要的时间会长一点，因为当我们意识到某个人或事物对我们产生了负面影响的时候，第一反应通常是埋怨和责怪，这很正常。我们确实需要先经历将压抑许久的攻击性释放出来的过程。所以，你不需要强制自己在没有准备好的情况下进入理解和原谅的阶段。如果还有很多怒气想要释放，也可以用写信的方式，把它狠狠骂一顿。这也是一种非常有效的沟通方式。虽然心理学中非常支持用"非暴力沟通[①]"的方式进行对话，但刻意为之的情绪稳定，可能会让我们陷入隐性暴力（比如冷暴力）的陷阱。我的看法是，只要能够坦诚面对自己的情绪和想法，表达方式就是多元的。在合适的阶段，用合适的方式，用匹配的思路去进行沟通，就是尊重个人需要、贴合实际现实的方式。

如果你还处在责怪的阶段，那就放开去责怪吧（这里的"责怪"对象仅指"控制"，切忌直接在真人的关系互动中使用）。但如果你的攻击性能量已经充分释放，那么就可以开始进入理解和原谅的阶段了。

[①] "非暴力沟通"是由美国临床心理学博士马歇尔·卢森堡提出的，这种沟通方式相信人的天性是友善的，暴力的方式是后天习得的。"非暴力沟通"的目的是通过建立联系使我们能够理解并看重彼此的需要，然后一起寻求方法满足双方的需要。

[第三节]

隐性控制最为致命

相比于"恐惧"这只胆小的小野兽，"控制"更像一只诡计多端的小野兽。光明正大的控制，其实不是上上策，因为我们不希望给人际关系带来显著的麻烦。从理智层面来说，我们很清楚没有人想被轻易控制，但情感上我们还是渴求不安能够被满足，而且是严格地用我们想要的方式。

如何同时兼顾这两个看似矛盾的需求呢？那就是把显性控制转为隐性控制，再赋予隐性控制各种正当的需求或者没那么冒犯人的包装，甚至很多时候我们未必能够真的意识到自己的行为或想法也属于控制模式的范畴。

比如"渴望被理解"这个需求，是不是听起来非常合理？尤其在更亲密的关系中，比如在家人关系、朋友关系或是伴侣关系中，我们可能常常听到这样的需求，认为再正常不过了，但其中可能就潜藏着不易被察觉的隐性控制。当我们要判断一个行为是不是控制行为时，考察动机是最重要的。大家先来阅读下面的例子，然后做出自己的判断，看看例子中的这位朋友有没有在试图释放控制。

我：我出发啦，半个小时后就到！

朋友：那个，我去不了了……我可能是昨天晚上淋雨了，又睡得晚，感觉要感冒了。最近压力也比较大，一整天都昏昏沉沉的。

我：你怎么不早说呢？我都出门了你才说。

朋友：我以为我能坚持出门，就想着缓一会儿就好了，但一直没缓过来。不到万不得已，我不会放你鸽子的。

我：但结果还是放我鸽子了呀，你要是早点说，我还能早做安排。

朋友：你工作那么轻松，可能真的没有办法体会我的状态，你要是理解我，你就不会这么说了。体谅我一下可以吗？

我：这不是一回事吧？你身体不舒服，我怎么会强迫你出来呢？我只是说你可以早点跟我讲。

朋友：唉，不理解就算了。

不知道大家判断的结果是什么。如果不是很确定，那么可以再看下面的例子，虽然是同样的场景，但是表达方式有所不同。

我：我出发啦，半个小时后就到！

朋友：实在抱歉！我今天没法按时赴约了，我可能是昨天晚上淋雨了，又睡得晚，感觉要感冒了。最近压力也比较大，一整天都昏昏沉沉的。

我：你怎么不早说呢？我都出门了你才说。

朋友：唉，是我的问题。我真的很想见你，本来想撑一撑的，但要出门的时候，实在是浑身都没力气。这次完全是我的问题，等我稍恢复一点，一定补偿你。今天让你白跑了，你要是不想折回去，就在我们约的那家餐厅吃吧，我请你。（转了红包）

我：唉，饭什么时候都能吃，也不是钱的问题。但是你下次要早点说。

朋友：是，我抱有侥幸心理了，下次一定再果断点！

我：唉，你最近确实也挺忙的，那你好好休息。

对比这两个例子，大家的感受是不是更明显些？两个例子呈现的场景相似，但是当朋友处在不同动机下时，哪怕说出相似的话、做出相似的事，其行为本质仍是不同的。在第一个例子中，朋友全程没有任何歉意，而是反复表达希望"我"能够理解自己的动机。为什么这个朋友执着于这样做呢？原因在于，如果自己被理解了，那么哪怕之前做错了事，都是可以被原谅的，自己也不用承受丝毫的愧疚。在第二个例子中，朋友同样解释了自己无法赴约的原因，但仅限于解释，并不是为了被理解，而是希望对方在被放鸽子的情况下得知了原因，会感觉没那么被冒犯。朋友足够理解"我"可能会产生的情绪，并做出了相应的弥补措施，是足够有诚意的道歉。而且不知道大家注意到没有，两个例子中的"我"也有微妙的不同，虽然都很在意朋友没有更早跟自己说明情况，但在第一个例子中，由于对方的隐性控制，"我"也被拉入了一场无形的拉扯中，两个人无法在同频的空间中进行对话。而在第二个例子中，"我"在生气的同时，还会去关心对方，这是因为当一个关系的本质不是控制和被控制时，才会发生有效交流，彼此才会互相理解。

因此，"渴望被理解"的控制点在于，希望被理解的一方由于无法或者不愿承受对方的某种情绪或反应，想要通过冗长的解释来要求对方理解自己，以试图控制对方消除某种情绪或反应。

那"做错事后弥补对方"是否也是一种控制呢？本质上还是不同的。"弥补"这个行为认可了对方产生某种情绪或反应是正常和合理的，比如第二个例子中的朋友认为对方完全有理由责怪自己，所以没有试图消除"我"的反应，而是因为共情了"我"的处境，想要缓解"我"的情绪。

隐性控制是很多沟通无疾而终的原因，如果双方都陷入了"渴望被理解"，甚至"一定要理解我"的动机中，沟通就变成了控制权的争夺。如果一个渴望被理解的人持续无法被理解，就会产生委屈的情绪，进而进入受害者模式。在这种情况下，作为"受害者"，其实很难理解自己正处在控制者的位置上，这种自我认知的错位非常致命，它会让你距离想要成为的自己越来越远。

对于受困于隐性控制的人来说，首先要做的就是把隐性变为显性，至少对自己是坦诚的。这个转变的方法很简单，只需在判断自己是否在控制时，问自己以下三个问题即可。

　　a. 我做这件事情的目的是什么？

　　b. 是否将这个目的坦诚地告知了对方？

　　c. 告诉对方目的之后，对方的反应更偏正面还是负面？

我们分别以前文两个例子中的朋友为例来进行回答。

第一个例子中的朋友：

　　a. "我做这件事情的目的是希望对方不要责怪我，马上原谅我。"

　　b. "没有，而且我故意强调被理解的部分，想让对方也产生愧疚感，从而不再责怪我。"

　　c. "负面，因为对方此刻更希望得到的是我的道歉和弥补，而不是听我解释和狡辩。"

第二个例子中的朋友：

　　a. "我做这件事情的目的是让对方不要因为被我放鸽子而太过生气或难过。"

　　b. "是的，我完全可以让对方知晓我的目的。"

　　c. "正面，对方虽然正在生气，但至少知道我是在意对方感受的。"

在这三个问题的回答中，第一个问题有助于明确自己的行为目的，第二个问题的答案如果是"否"，第三个问题的答案是"负面"，那么说明你正处在隐性控制模式中；如果第二个问题的答案是"是"，第三个问题的答案是"负面"，那么说明你正处在显性控制模式中；如果第二个问题的答案是"是"，第三个问题的答案是"正面"，那么说明你并未处在控制模式中。从隐性到显性的转变，主要取决于对第二个问题的调整。如果你控制的对象是你认为很重要的人，而你们的关系已经由于你的隐性控制出现了较大的问题，马上摆脱控制模式并没有那么简单，所以可以尝试的第一个改变就是调整控制模式，即将隐性控制调整为显性控制，至少让对方感受到你的坦诚，然后在坦诚的基础上逐渐调整自己的动机。比如如果例子一中的"朋友"想要试着调整控制模式，从隐性变为显性，那么可以做以下尝试。

我：我出发啦，半个小时后就到！

朋友：实在抱歉，我去不了了。我可能是由于昨天晚上淋雨了，又睡得晚，感觉要感冒了。最近压力也比较大，一整天都昏昏沉沉的。我以为我能坚持出门，就想说缓一会儿就好了，但一直没缓过来。不到万不得已，我不会放你鸽子的。我知道你挺生气的，解释半天也是想得到你的谅解。我想着你要是理解我了，就不会生我的气了。

我：你怎么不早说呢？我都出门了你才说。你的解释会让我好受一点，但我还是很生气，理解你也不代表不生气呀。

　　能够坦白自己有没那么光彩的动机，不是一件容易的事情。如果你认为自己所处的这段关系足够重要，那么迈出这一步可能可以从真正意义上改变你们的关系。当你能直面自己的动机时，它对你的控制力就没那么强了。你就有机会开始思考，曾经的控制外罩之下掩盖的自己的真正需求是什么，然后用更有效的方式去满足它。

　　另外，还要注意的是，隐性控制变为显性控制后，可能会产生不可避免的正面冲突。如果你认为这个转变对你来说仍较为困难，还有一个方法就是，在识别出自己正在进行控制的行为后，马上停止当下的行为，为这个时刻专门设计一款个性化定制的社交面具（比如一个有礼貌的安静面具，或是一个意识到自己的问题但还需要些时间的等待面具等），用于帮助自己度过这个过渡阶段。这也是一种和控制建立新关系的过渡方式，可以参考第五章第二节中"和自卑这位老朋友的告别仪式"的步骤三。

　　除了"渴望被理解"，还有哪些是潜在的隐性控制呢？我们已经讨论过的自卑和害怕被拒绝都属于隐性控制的范畴，除此之外，还有缺爱、讨好、回避等心理模式或现象，也都有隐性控制的属性。我总结了这些现象的隐性控制点。不过，我建议大家在阅读之前，先结合上文给出的控制定义，做分析隐性控制点的练习，再阅读总结，会对大家的理解更有帮助。

　　"渴望被理解"的隐性控制点是，当不确定对方是否理解自己时，个体会进行大量解释，期望对方能够深入理解自己。如果对方没能如期待中的那样理解自己，自己就会使用歇斯底里或者冷暴力等方式来惩罚对方或者给对方施加压力，目的是让对方继续努力理解自己，从而免去自己处理对方情绪问题的责任，或者期望以此让对方承担起照顾自己的义务。

自卑的隐性控制点是，当不确定对方是否认可自己时，个体会通过把自己放在卑微的位置上，来得到对方的关注或垂怜。如果这个目的没有实现，那么个体可能会处在弱者的道德制高点上，来攻击对方的冷漠或高傲，令对方羞愧，从而起到保护自己、维护自尊心的作用。

害怕被拒绝的隐性控制点是，当不确定对方是否会拒绝自己时，个体会预判对方可能犹豫的条件，并通过规避这些条件，来让对方没有拒绝自己的理由或机会。如果对方仍然拒绝自己，个体就会认为对方在故意伤害自己，进而对对方产生恨意，可能还会使用切断和对方联系的方式来惩罚对方，或者给对方施加压力让其撤销拒绝。即使对方没有撤销拒绝，个体也希望对方因为拒绝自己而产生强烈的愧疚情绪，从而达到一定的心理平衡。

缺爱的隐性控制点是，当不确定对方是否爱自己时，个体会使用各种测试方式，期待对方能够通过重重考验，来证明对自己浓烈的爱。如果这个目的没有达成，个体可能就会感到极度委屈和受伤，对对方产生恨意，或者使用切断和对方联系的方式来惩罚对方，并希望能够以此重新激发对方表达出令自己感到被爱的情感。

讨好的隐性控制点是，当不确定对方如何看待自己时，个体会通过做出各种讨好行为，让对方喜欢自己或者对自己有好印象。如果结果并不如意，自己可能会产生不被喜欢的恐惧，或者一定要实现对方喜欢自己的目的。如此一来，自己就会加剧讨好的行为，否则就会通过暗自贬低对方来削弱对方的价值，以弥补自己不被认可的伤害。

回避的隐性控制点是，当不确定对方是否会和自己产生冲突时，个体会通过回避一切可能引发冲突的行为，来避免冲突的发生。如果冲突还是发生了，就会验证自己对对方的判断——对方是一个容易和自己产生冲突的人。在回避类型的人眼中，希望能沟通问题的想法可能会被视为冲突。所以，回避型的人更容易感受到冲突，如果回避型的人进入更亲密的人际关系，就必然会遇到冲突。如果对方被自己打上"容易引发冲突"的标签，个体就会用更加回避的方式来应对，似乎是在用冷暴力的方式惩罚对方引发冲突的行为，期待对方能够因此不再做出令自己感到陷入冲突的行为。

这里要注意的一点是，出现上述现象，并不代表你就在用隐性控制的方式和别人相处。毕竟很多人在面对这些心理困扰时，都会非常积极地进行自我探索，寻求解决的方法，并非主动选择陷入控制模式，也无意给别人带来困扰和伤害。我们讨论的意义在于，在这些看似受到外在伤害的表象下，潜藏着隐性控制的可能性，而这种可能性往往处于我们的盲区。要知道这些类型的隐性控制常常会伴有内耗的表现，这并不是巧合。原因有两方面：一是上述的这些类型很容易存在控制模式的隐患；二是这些类型本身就是充满矛盾的，这些矛盾性巧妙地将盲区隐藏起来，增加了我们发现和解决盲区的难度。因为我们的注意力全部放在处理冲突和矛盾上，所以无法意识到自己本可以不用经历这些。隐性控制的存在转移了真正重要的事情，即内耗并不是最重要的问题，控制才是。如果不及时觉察到这个盲区的存在，隐性控制最终伤害的是自己。这种自我伤害会让自己不断陷入内耗的旋涡，让自我成长的努力在不断重复的内耗中白白浪费。

如果放下控制，"我"是什么样子的

为什么控制这种模式给我们带来这么多显而易见的负面影响，但又不容易解决呢？因为我们总能找到足够好的理由来包装它，甚至有时候在意识层面，我们对于那些包装的理由也深信不疑。

比如，我们会把控制包装成在意、爱、关心、表达需求、自我保护等听起来很美好或是很正当的意图。有时候，包装出来的理由并非我们的本意，确实属于一种虚假的伪装。但有时候，我们也真的在控制的同时感受到了爱意的释放，或者真的认为我们需要保护自己。

如果我们能够意识到自己在伪装，那么只需要开始练习如何坦诚即可。但如果我们的真实情感的确和控制绑定了，那么在摆脱控制的时候，似乎会陷入这样的矛盾——我的真实情感也要一并舍弃吗？就好像如果不用控制的方式和别人相处，"我"就变成了没有感情的人。所以，对于有习惯性控制模式的人来说，其实很难想象没有控制的自己是什么样的、没有控制的生活是什么样的。

自己审视自己往往容易陷入当局者迷的状态，不如反过来设想这样一类场景——父母以爱之名强加给我们的那些控制。例如，小时候，我们要按父母的要求吃饭和穿衣，不管我们到底想吃什么或者穿什么；再长大一点，我们要按父母的要求选专业、找工作，不管我们是否对其擅长或喜欢；后来，甚至恋爱对象、结婚方式也难以逃脱父母的控制；最终，我们自己的想法几乎被完全忽视。退一万步讲，假设这的确是父母表达爱的方式，但是作为被控制的一方，我们能感受到的只有窒息，爱的感受少得可怜，甚至会被恨意所覆盖。所以，当我们作为被控制者时，一定可以明确说出"控制不是爱""控制不是在意"，但当我们成为控制者时却犹豫了，这和我们成为控制者的原因有关。

当我们在原生家庭中没有感受到想要的爱时，会设想自己想要什么样的爱，可能是给自己无条件的支持，或是坚定地选择和信任自己。这样的期待虽然正当却极难实现，如果在原生家庭中无法获得，我们就会因为太过渴望而在外部的亲密关系中寻找替代。由于我们没能从原生家庭中学到太多除了控制之外的更自然的关系互动表达方式，因此，当我们在亲密关系中寻找想要被爱的方式时，会习惯性地开始使用控制的方式。再加上我们自认为有足够正当的理由，这样一来，控制的本质就被掩盖了。

当控制行为被质疑的时候，我们往往会用包装过的正当理由轻易反击："难道我要寻求一段有条件的爱的关系吗？""难道我不应该被坚定地选择吗？"这的确是一个看似不会输的论点，但也是注定无法实现的目标。因为控制可以暂时获得期待的假象，但非自然的控制无法真正产生爱，也无法在意这些自然的感情。假象当然也可以存在，就像逃避也并不可耻，我们都有选择自我保护和暂时过渡的方式。但如果你决定拨开内耗的迷雾，想要试试一种让你感到陌生但真实的关系体验时，就可以来探讨这一核心问题了——如果不控制，我是什么样子的呢？

让我们请出小 A、小 B 和小 C 来为我们解答这个问题。

1. 从前折磨人的内耗，现在变成了有价值的信息

第二章讲述了错位是内耗的开始，而且错位无处不在，包括内在和环境的错位、人际关系的错位、自我关系的错位。错位是一种很痛苦的体验，就像崴了脚、闪了腰，虽不致命，但严重影响了基本的生活体验。

曾经内耗在控制的作用下，会让错位更加严重，就像崴了脚还要强制自己跑步，闪了腰还不能放弃练腹肌一样，表面上是想让自己变得更好，但其实是在造成二次伤害。

如果我们不再控制会怎样？我们会看到错位的存在，理解错位想要传递的信息，而不是以纠正的名义去对抗它，让问题更加严重。

在第三章中，我们开始借助"第三只眼"进行归位，并逐渐形成了"流动的我"，不再对自己有特定的要求和约束，这也是放下控制的过程。

小 A：如果放下控制，我会意识到"爱哭"不是要改正的缺点或克服的弱点，而是自我错位的信号。我会发现，我真正的问题和哭泣无关，而是我在想要完成一件事情却发现自己的能力还不够时，要怎么和这种情况相处，以及怎么和能力不足的自己相处。这个信息给我带来了完全不一样的人生关注方向。之前我的关注点是怎么在自己哭泣的时候更严厉地责怪自己，让这样的事情可以不再发生。现在我的关注点是，当我非常想做一件事但当下的能力还不够时，如何处理这个矛盾，以及如何在承受一定的自我期待和心理压力之下提升自我。虽然我现在还没有太详细的想法，但能感受到这是一个正确的方向，能够不自我怀疑已经是我求之不得的心理状态了。在这样的心态下，我至少敢做一些尝试，比如我会向身边有相关经历的朋友请教，然后总结出适合自己的方式。

小 B：如果放下控制，虽然我仍会因为感受不到伴侣强烈的爱而产生情绪，但至少不会再用侵犯对方边界的方式来进一步拉大我们之间的错位感了。我会意识到被爱的匮乏感，至少有一部分和我对独立的恐惧有关。不管对方究竟是怎样的状态，可以确定的是，我要先把自己的恐惧照顾好，然后提升独立的能力。之前我实在是浪费了太多能量在控制对方这件事情上，现在想起来真的好疲惫，同时也有点心疼自己，竟然几乎没有分配一点时间给自己真正的需求。同时，我还有点难过，之前只顾着让对方满足我的需求，都没有真正了解过对方是怎样的人。唉，我甚至都不了解自己是怎样的人。我所担心的伴侣之间会发生的最差的情况无非是"我理解了自己，也了解了对方，但发现我们确实不适合继续走下去"。那我想，如果是已经独立的我，应该已经有能力处理这样的离别了吧。

小 C：如果放下控制……咦？我之前好像也没怎么控制，哈哈。可能这也是为什么我和环境的关系之间有错位，但错位程度还在能承受的范围吧。我一直都没有试图改变环境，也理解协作是一种主流的工作方式。我只是遗憾或者小小抱怨了一下，为什么没有给独立工作的模式更多机会和空间。不过，在探索的过程中，我已经意识到不能等待环境来给我创造契机，我能做的其实还有很多。上次在"和自卑这位老朋友的告别仪式"的步骤三的练习中，我不是已经有了初步计划吗？当时我说要探索自由职业路径的可行性，我想把高中写小说的梦想再捡起来，先从把其当作副业做起。我已经在构思新小说啦！虽然之前无论是对外界还是对自己，我都没有表现出太多的控制力，但当我把最后一点还存在的、本就不多的控制力也放下的时候，我发现就连原来我认为的死路，也生出了许多可能性。现在我上班没那么痛苦了，如果再做一次内在和环境错位程度评分，我的分数说不定降低了呢！

成长就是加工有用信息的过程，内耗模式中包含了很多有价值的信息，只不过它们都杂乱无章地交织在一起。控制会加剧这些信息的混乱程度，而放下控制就是整理有用信息的开始。

2. 从前总是在攻击我的情绪，现在或是和我擦肩而过，或是轻柔地穿过我

第四章和第五章着重处理了恐惧和自卑这两种情绪（或情结），它们攻击我们的方式就是让我们产生应激，并在应激之后做出一系列失控的行为。

在我看来，在极端危险的情况下，应激是我们合理的、本能的自我保护方式，但如果在日常的人际互动、情绪体验中，我们总是频繁地陷入应激状态，那这种状态就是对我们存在性的严重剥夺。比如在伴侣关系中，吵架是在所难免的，但如果一个人很容易陷入应激的模式，应激后的表现可能是马上躲起来，拒绝沟通，或者用更激烈的方式，如暴力相向或者自我伤害，这就意味着自己失去了正常吵架的权利。再比如，当自己完成了一件厉害的事情时，本可以由衷地为自己感到开心，但如果一个人有不配得感的应激模式，那么这个时候反而会出现各种顾虑，这就意味着自己失去了正常开心的权利。

应激其实就是一种控制，是对危险的过度控制，而且很容易将不是危险的情况也频繁误判为危险。它让原本无害的情绪不断地攻击我们，使我们遍体鳞伤。如果能放下这种控制，情绪就不会剥夺我们的主体性，而会和我们擦肩而过，或者哪怕从我们的身体穿过，也会像一阵微风吹过，虽然我们会感受到一丝凉意，但绝不会因此受到伤害。

小 A：之前最让我觉得受伤的情绪就是自我否定。我只是遇到事情难过得哭了而已，为什么要责怪自己呢？那种一定要让自己把已经流出来的眼泪收回去的控制感，让现在的我甚至觉得是在自我虐待。当允许眼泪流淌在脸上，而无须硬憋回去的时候，我感觉这种情绪顺着眼泪掉在了地上，然后蒸发了。唯一的痕迹就是两行无伤大雅的泪痕和微肿的双眼。我还意外地发现，每次痛快哭一场，都能够带走我的一些负面情绪，比如委屈、忧伤或焦虑。再后来，我哭的频率也就没那么高了。这种感觉很奇妙，我好像本来在向着一座很高的山走去，不知道山的那边是什么，只知道在走过去的过程中，自己要坚强，不能哭泣，这样才能得到山那边的奖励。但当我每次一哭泣就责怪自己的时候，我发现怎么也走不到山的那边，好像被什么东西拖住了，在原地无意义地踏步。反而在允许自己哭泣了之后，我才离那座山越来越近，直到我翻过那座山，看到了山那边的风景——那是一个眼泪不会被评价的地方，眼泪就是眼泪，可以因为高兴而流下，也可以因为伤心而流下。最后，流眼泪这件事情对我来说就是一个正常的存在，甚至很多时候我都注意不到它，这样一来我也就不那么容易流眼泪了。

小 B：我的情绪可太多了……要说最伤害我的，大概是我依赖别人来满足自身需求的那种情绪吧，我也不知道该如何称呼这种情绪，姑且就叫它"依赖情绪"吧。这种情绪非常消耗我，当它出现的时候，还会与很多其他情绪一同出现，比如焦虑、恐惧、无助之类的，简直是强力攻击。依赖情绪像一个潘多拉魔盒，一旦打开，各种情绪便如妖魔鬼怪般涌出。所以，它一出现我就会产生应激，控制欲瞬间爆发。现在我知道，依赖情绪的产生是因为我缺乏独立性。其实可以把对别人的依赖先转化为对自己的依赖。这样调整后，我安心多了，然后开始逐渐能放下因为不安带来的控制。放下控制之后，我又养成了一个新的习惯，就是常常会调动"第三只眼"来观察我和自己的相处。我的注意力好像不会总聚焦在别人身上了，也没有那种总想窥探伴侣的脑子里在想什么的执念了。我的情绪当然还是很多，但是这些情绪已经从之前不断撞击我心灵的状态，转变为现在在我的身边游走的状态。我看着它们飘来飘去，感觉很有趣，它们也不再像以前一样打扰我，我们相处得很好。

小C：除了和同事对接工作的时候，尤其在独处的情况下，大部分时间我和自己的情绪关系是很好的。所以，我知道那是一种怎样的感觉。我的重点是要把这种感觉应用到我和同事对接工作的时候。在独处的时候，我的每一种情绪都有一个对应的小人儿，就像我喜欢的动漫手办一样，我可以和它们对话，有时候比较愉快，有时候会争吵一番。但这都无妨，不影响我们的关系。但是，和同事对接工作时产生的情绪，就不像一个小人儿，而像是笼罩在我的头顶上的一团阴云，挥之不去。所以，我决定给这团阴云也捏一个小人儿，让它变成我熟悉的状态，而不是总想着要赶走它，这应该也是一种控制吧。所有情绪都值得被我一视同仁地对待，我之前忽略了这一点，对自己在工作环境中产生的情绪非常挑剔，这对它们真的太不公平了。歧视还真是无处不在呀……不过，知错就改还是好的，我决定为它们精心制作一个"手办"，并将它们一同存放在我的情绪空间里好好呵护。

情绪自由是很宝贵的，内耗其实也是一种被情绪绑架的结果。控制会让情绪失去弹性，紧紧地束缚着我们，而放下控制才能释放情绪真正的潜力，让我们体验到多元的活力。

3. 从前令我窒息的社交面具，现在是我灵活切换的道具，甚至可以落在家里

在第六章中，当我们重新定制社交面具之后，窒息感会有所减轻。但如果能够增加更多的活泼感和松弛感，我们和面具的关系体验会更棒！即使在做对的事情，控制感也会出手干预，它想让我们在正确的场合佩戴正确的面具，而我们的成长就会在控制的干扰下逐渐变形。在这样的情况下，尽管我们认为佩戴面具不再是虚伪的事情，也难免会觉得麻烦。

放下控制意味着"我想用的时候，有大把的面具可以使用和切换，但当我粗心，不小心将其落在家里，忘了佩戴时，我也可以直接以真面目示人，且对此不会感到害怕"。否则，我们就会

变成面具的奴隶，失去格外重要的主体性。

小A：我之前很排斥社交面具，但学习了佩戴指南那一部分内容之后，才发现原来对于社交面具还可以有别样的理解。我现在很能接纳它。不过，我无法应用太多的面具，练习得比较多的就是拒绝面具和主动面具。我觉得如果能练习好佩戴这两个基础款，很多问题就都能解决得差不多了。如果没有放下控制，我可能会想要尽可能多的面具，因为想让自己在社交场合中更完美一些，但这样的控制只会给我带来更多的负担，不如先专注于练习佩戴最重要的面具。我本身就是一个倡导极简生活的人，看来心理层面也有这样的倾向性呢，不过这很适合我。

小B：我的面具有点多。拒绝面具和主动面具特别好用，在这个过程中，我越来越感受到自己的独立性和主体性。虽然有时候依赖情绪的小火苗还是会出现，但这两个面具帮了我很多。不过在使用方式上，我有一些自己的改良——我并非自己直接佩戴这两个面具，而是在特定的社交场景中，替别人戴上这两个面具。具体是什么意思呢？比如当我主动向别人邀约时，会替对方戴上拒绝面具，如果被拒绝了，我会马上建立"对方也有自己的需求，所以使用了这样的面具"的认知，相当于赋予了对方可以拒绝我的权利。再比如，当我拒绝别人的时候，会为对方戴上主动面具，我知道对方既然提出自己的想法，就具备了能够接受不同声音的能力，相当于赋予了对方承受合理伤害的能力。我不再像以前一样，过多揣测别人的情况，而是逐渐放下对揣测的控制，由此我整个人都变得清爽了。

小 C：关于面具的这一章内容，让我很兴奋，我好像一下子解锁了社交上的很多可能性，感觉自己以前完全是个社交初学者。之前我把拒绝想得太难、太严肃了，实际上，拒绝可以是非常有趣的过程。看了很多别人拒绝的方式之后，因为我喜欢写小说，所以我突然觉得面具的佩戴其实就是设计代表自我不同方面的人物形象的过程。之前我总想把自己控制在谨慎拒绝别人的框架里，可效果不好，并没有起到维护边界的作用。现在我开始"放飞"自我了，我不再把拒绝看成苦大仇深的事情，它可以很有趣，或者很"无厘头"。有趣的地方在于，我现在很喜欢观察每个人对于同一件事情的不同反应，我发现大家都很不一样，每个人都有自己的特点，而这种差异没有对错。"无厘头"的地方在于，当我需要拒绝别人的时候，没有统一的方式，完全取决于当下的心情及最近学到的拒绝别人的新方式，甚至有时候我不佩戴任何社交面具，哪怕因为不知道说什么而愣在原地也没关系。我感受到一种新的自由感，之前在社交中尴尬是由于我因真的不知道该怎么办而感到羞怯，现在我也仍然会在社交中尴尬，但不再是因为没有能力应对，而是我有很多方法，但也可以选择不使用它们，让自己自然地经历纯粹的尴尬，这也不是什么大不了的事情。

　　总之，放下控制能让你得到想要通过控制得到的东西，这是一个精妙的悖论，对吗？也许我们可以这样理解：在处于控制状态时，人们心里一定有一个目标，比如期望自己变成某种特定的样子。此时，人们会误以为越加强控制，自己离这个目标就越近。但事实上，在控制的过程中，控制本身就会占用大量的心理资源。这就像计划在海里航行的潜水艇，虽然瞄准的是目的地，但在按下启航键之后，却只是在原地打转。并且，每次转回来的时候仍能看到目标，这就造成了自己还在向目的地努力前行的错觉。

　　放下控制就意味着，你有机会往任何一个方向航行，哪怕起初看起来你选择了和目的地完全相反的方向，最后也能到达（别忘了地球是圆的）。所以，放下控制后，最差的情况无非是选了那条最远的路，但你终会到达目的地。而陷入控制模式下的最好情况，是以更慢的速度原地打转，也许能量会耗得慢一点，撑得久一些，但注定永远无法到达目的地。

　　至此，你最想问的问题可能是："我知道放下控制的意义了，那么究竟如何放下控制呢？"

　　还记得第一章中的"齿轮"临时修复法吗？它是借助身体动作来体验放手感觉的方法，不知道大家当时练习得如何？放手是一个短暂的动作，但放下是长久的状态，的确更有挑战性了。不过，我们一路成长到现在，已经具备了达到这种状态的能力储备。所以，别着急，我将通过下一章的内容，来回答你的问题。

第八章

臣服

欢迎大家来到本书的终章，辛苦了，这里将是"海水变蓝的地方"。

在第一章中，我们只是简单地学习了"齿轮"临时修复法，就随即跃入了"走出内耗，实现自我成长"的海洋中，大家真的很勇敢。

在第二章中，我们费力地在海洋表面上上下下地扑腾，试图弄清楚导致内耗的错位究竟是如何发生的，这可能是大家情绪起伏最大的阶段。

在第三章中，我们开始学习能够在海洋中自在畅游的泳姿——"流动的我"，逐渐进入探索的平稳阶段。在潜入海面下更深的地方探索时，我们收获了"第三只眼"这个有大智慧的好帮手，并且近距离接触了焦虑和恐惧这两个内耗的"双胞胎帮凶"。

在第四章和第五章中，我们打开了在海底潜藏许久的潘多拉魔盒，里面有让人不敢靠近的恐惧和自卑。但我们意外地发现，这个魔盒中既保留着最具破坏力的邪恶能量，也守护着最具生命活力的希望能量。除此之外，我们还练就了一个了不起的本领——改变兴奋点，这个技能可以让我们成为任何自己想成为的样子。

在第六章中，我们又补充了一些重要的装备，因为我们将要在海底继续探索更具深度的秘密，需要更多的氧气和能量。基础款和个性款的社交面具给了我们探索的底气。

第七章揭示了内耗的秘密——控制的本质。由于缺乏底层的安全感，我们在意识层面或潜意识层面总想通过释放控制的方式来补充安全感。这种方式就好比我们在大海中畅游的时候缺氧了，可以选择佩戴氧气罐或者游出海面进行呼吸。然而，我们却反其道而行之，试图在海底挖出坑洞来获得氧气。很显然，这样的方式并不能让我们获得氧气。相反，本来平滑密封的海底被制造了很多导致海水渗出的坑洞。海水象征着我们的心理资源，坑洞象征着我们在没有安全感时出于控制而导致的自我伤害，如果不及时填补这些坑洞，那么我们的心理资源会逐渐短缺，甚至干涸。

经历了这场历练之后，我们现在已经有了面对恐惧的勇气、看清自我控制的智慧和使用心理力量的决心。

接下来，我们一起将海底的坑洞填满，并为我们的心理海洋打造最后一道屏障——臣服。

怎样理解臣服

　　心理咨询中常常会提及"自我接纳"这个概念，自我接纳水平的高低是个体心理健康的一项重要标准，它指的是个体对自我及其一切特征采取积极的态度，即能欣然接受现实自我。自我接纳一般包含两个层面的含义，一是能确认和悦纳自己的身体、能力和性格等方面的正面价值，同时也不因自身的优点、特长和成绩而骄傲；二是能欣然正视和接受自己现实的一切，不因存在的某种缺点、失误而自卑。借用第六章中"全部的我"的概念，就是能够理解、体验和全然拥抱各个维度的自己——流动的我、本来的我、客观的我、戴面具的我和真实的我，最终实现完整的我。

　　我们在遇到一些心理方面的困扰时，可能曾得到过这样的建议："你要接纳自己呀！"每当听到这样的建议时，我们的感受可能很复杂也很无奈，因为接纳自己几乎是绝对正确的建议，但它可能是无效的。一方面，很多时候自我接纳是一种结果，比如你现在接纳自己，或者你现在还不接纳自己，它不能直接被当成随时可进行的动作，它并不像拥抱那样简单；另一方面，当我们遇到困难的时候，直接获得正确答案是没有意义的，容易陷入"道理我都懂，就是没办法"的无力中。因此，真正重要但又无比有挑战性的是"如何接纳"。

经过近十年的咨询工作，我总结出三个能够更有效地实现接纳的核心标准。

1. 接纳练习要足够简单

接纳练习不是点石成金，无法达到瞬间治愈的效果。从上文的定义中能够看到，这么多维度的"我"，必然会涉及生活的不同层次，它注定是一个长期的过程。在我看来，如果要将其作为生活方式去践行，那么它必然不能过于复杂，甚至要简单到随时随地尝试练习都几乎没有负担的程度。

2. 接纳练习要配合肢体动作

接纳练习是更依赖大脑认知和感受的过程，但这个过程太抽象了，看不见摸不着的东西会让我们感到迷茫，甚至恐惧。所以，我常常会在为来访者设计接纳练习的时候，加入一些身体可以参与的小动作，将来访者的意识外显，变成可以直接感受的具象化动作。比如，在"齿轮"临时修复法和获得"一盆水"的练习方法中都提到过双手托住后脑勺的动作，这就是自我给予安全感的具象化动作。有了肢体动作的参与，我们就获得了用身体去感受大脑的绝妙方式。

3. 接纳练习要足够万能

接纳是一种状态，而接纳的对象可以是世间万物。因此，接纳练习的适用性一定要广泛，能够覆盖生活中的方方面面。这意味着接纳练习首先是一个基础款的模板，然后我们可以根据这个模板，延伸出任何想要接纳的方向。就像在社交面具的练习中，拒绝面具和主动面具是两个基础款面具。在此基础上，我们可以制作出任何自己想要佩戴的面具。

因此，我会带着大家细致地练习基本模板，这是训练基本功的过程。有了扎实的基本功，大家便可以自由地去接纳各种状态。

在撰写本书之前，我只是在咨询工作中个性化地为每个来访者设计接纳的方案，从未想过这些方案早已默默地形成了模板，在等待着被发现。在完成本书的过程中，一个契机之下，我接触到《臣服实验》这部著作，作者是美国的冥想师迈克·A. 辛格，他提出并践行了名为"臣服实验"的探索过程。这个实验的核心要点，用作者自己的话来概括就是："通过'放弃''我'的偏见和喜恶，'臣服'于'生活'本身。"

这个实验给了我创作本书终章的灵感，我像是找到了拼图空缺的最后一片。我加入了自己的理解后，将其融入了接纳练习模型中。在本书中，我将第一次把自己的成果完整地分享给大家。

　　首先，对于臣服，我的理解和辛格稍有不同，我认为臣服是通过"放下控制"，"臣服"于"存在"本身。

　　这样的改良和我对接纳的理解有关。在我和来访者接触的这么多年里，注意到一件事情，而这几乎是每个来访者的困扰——在层层剥开表象之后，最后的一道关卡总是"控制"，而且控制的对象五花八门，有时候甚至千奇百怪、莫名其妙，能把来访者自己都逗乐。小 A、小 B 和小 C 控制的对象我们都见识过了：小 A 控制的是自己的眼泪；小 B 控制的是伴侣的边界；小 C 控制的是和他人的接触。

　　除此之外，还有许多令人意想不到的控制行为。有的来访者强迫性地控制自己阳台种植的植物的生长走向，有的来访者想要控制伴侣和自己吵架的频率和方式，还有的来访者想要控制自己死亡的时间、地点甚至死去的状态……

　　适度的控制能够给我们的生活带来必要的掌控感，但就像肌肉训练一样，肌肉要有收缩的能力，同时要有放松的能力，否则会变得无比僵硬，失去本来的功能性。很多人的内耗都是由过度的控制而导致的大脑意识僵硬。因此，我们并非一谈及控制就要彻底地摆脱或放下它，事实上，大多数人都有正向施加控制的能力，但缺少的是反向放松控制的能力，这两者缺一不可。

　　和"控制"最好的相处状态，就是要拿得起，也能放得下。因此，当我在说通过"放下控制"获得"臣服"时，并不意味着对于控制只有放下才是对的，只是因为这是我们普遍缺失的能力，所以要重点强调和训练。

其次，为什么不是臣服于"生活"，而是"存在"？一方面，每个人对生活的定义都不同，它的象征很难统一；另一方面，作为心理咨询师，我最初的受训背景就是存在主义心理治疗，它为我后来咨询工作的成长发展奠定了扎实的基础。存在主义让我在更早的时间接触到了某一层面的生命本质，这种本质给我带来了足够扎实的人生观根基。与此同时，它海纳百川的包容度，让我能总是对这个世界的各种声音保持欢迎的态度。它不仅帮助我在工作上成为一个受多元理论培养的专业心理咨询师（除了存在主义治疗培训，我还接受了认知行为疗法、叙事疗法、精神分析疗法等培训，本书在理论内容和方法设计上的灵感都是从这些多元流派中汲取的），同时也引导我在生活中成为足够开放和自由的普通人。因此，我认为向"存在"臣服可以给大家带来更广阔的精神世界和生活空间，同时能够从这种臣服的状态或与之相关的理念中提炼出一些具有普遍性、基础性的主题内容，这些主题是不同个体都可以去感受和参照的。

基于存在主义的背景及我的工作经验，我为大家总结出七个要臣服的基础主题（括号中是向这些对象臣服之后获得的结果）：时间（耐心）、局限性（自由）、未知（安全）、情绪（能量）、兴奋（个性）、丧失感（主体性）、距离（客体性），后续在本章第三节中会针对这七个主题展开详细讨论。

最后，我想聊聊自己对"臣服"本身的理解。大家还记得本书提过的主体性和客体性吗？"臣服"这个概念吸引人的地方在于，只有同时满足了主体性和客体性，臣服才会出现。它的主体性体现在，如果我们不具备对要臣服的对象足够深入的理解，是不会向其臣服的。当没有外界客观条件限制时，我们的内心其实都是骄傲、固执的，如果不能让我们心服口服，我们就不会轻易表达信任，更不会进行跟随。而去深入理解一样事物，恰恰也是极强主体性的表现。但这只是臣服的一部分，还有一部分是客体性。当我们足够信服一个对象的时候，会放心地把自己交给它，就像很多人可能都玩过的一个信任小游戏——我们背对着一个人站立，然后在没有任何保护的情况下向后仰，如果我们对对方没有足够的信任，往往在尝试后仰的瞬间就反悔了；但如果足够信任一个人，就会将自己完全交给对方，被对方稳稳接住。这个过程体现了极强的客体性，因为客观上我们的确没有办法自我承接，只能依赖另外一个人来完成。简言之，就像对于"控制"要同时拿得起和放得下一样，"臣服"就是要同时敢要也敢给。

以上是我个人的理解，大家作为参考就好。臣服是一个灵活性非常强的概念，每个人都可以对其形成自己的定义和理解，我在此仅是抛砖引玉，期待大家能有更个性化的解读。"臣服"这个概念在能够和自我建立更私人的关系后，可以发挥更强大的作用。

来，做这样一个动作

在大脑层面理解了臣服的意义之后，这一节我们一起来为臣服设计一个动作。辛格选择了冥想①的动作，他常常在冥想中感受自己的臣服。我想很多读者可能也有过冥想的体验，如果这是你喜欢的方式，完全可以直接将其用来作为臣服的动作。

不过冥想未必适合所有人，每个人都和自己的身体有特别的联结方式，所以不必拘泥于某一种形式。大家在设计这个动作的时候遵循以下三个原则就可以了。

1. 足够简单

在刚开始做一件事情的时候，我们可能特别有动力，所以容易制订出过于精美的计划，但在执行的时候就会发现计划不切实际，导致半途而废。既然臣服是一个在未来会常常进行的练习，那就一定要在开始的时候让其足够简单。

---

① 冥想是一种通过专注和意识集中来实现心灵平静和内在平衡的修行方法，已被广泛应用在心理学领域。一般的做法是坐着或躺着，闭上眼睛，专注于呼吸、感觉或特定的思绪或对象，以减少杂念并提升自我意识。

当然，如果你在执行了一段时间之后，觉得增加复杂性能够让你产生更强烈的臣服感，那么可以届时再做调整。这是很灵活的过程，不用给自己定太多的条条框框。

2. 能够有效联结大脑的臣服感受

在确定好具体动作之后，一定要在身体层面亲自去体验和感受一下，在做这个动作的时候，是否能够联结到大脑中之前对臣服的想象，或者做这个动作的时候，是否让你产生了你理解的臣服感。如果在脑海中想象时有效，但实际做的时候感觉不对的话，那么可以即时调整，直到找到最适合的感觉。

3. 在脑海中想象时能够达到实际操作时至少60%的效果

由于我们并非时时刻刻都能够直接做出这个动作（当然，你也可以在设计动作的时候考虑到这种情况，设计在任何时刻都能够做出来的动作，但对这个标准不做硬性要求，最终还是以实际体验的质量为准），因此需要确认这个动作的想象版本是否同样能够给我们带来臣服感。

因为想象和实际体验终究是有差异的，所以在想象时，效果能达到实际体验的60%即可。不过有时候也很有趣，有些动作你实际做的时候效果不明显，反而在脑海里想象的时候效果会增强，或者微调后会有意想不到的效果。像这样的情况，将其作为想象中的臣服动作自然也是可行的，也就是说实际动作和想象动作不用完全一致。

接下来我们请小Ａ、小Ｂ和小Ｃ来分享一下自己设计的动作。

小Ａ的动作：臣服感并不难想象，我觉得是从地面上飘浮起来的感觉，但不会一下子飞到空中。但落实到身体上，对我来说有点困难。一方面，我的身体本来就挺僵硬的，不太擅长做复杂的动作；另一方面，我不知道怎么用身体去感受大脑里的感觉，这应该是一种轻松或者松弛的感觉。所以在有了这个想法之后，我就开始留意什么动作能给我带来这种松弛的感觉。终于有一天，在做按摩的时候，当我趴着，把头放进按摩椅的洞里的时候，感觉到了全身的放松。那是一种浑身上下的肌肉完全松弛了的感觉。以这个动作为基础，在没有按摩椅的情况下，要怎么找到那种松弛感呢？有一天晚上睡觉的时候，我的眼镜没放好，掉在了地上，当我半个身子探出床边去找眼镜的时候，意外找到了那种感觉！这就是我要找的动作！

小Ｂ的动作：一点信仰的感觉，这就是臣服感在我脑海里的样子。我有练瑜伽的习惯，每次在做某一个瑜伽动作时，都会产生这种信仰感。这个动作在瑜伽中叫作婴儿式，具体做法是这样的——双腿前后折叠跪于地上，上半身俯身趴下，以额头轻轻点地，双手向前伸展，手心向下。无论是我实际做的时候，还是在脑海中想象的时候，这个动作都能给我带来强烈的臣服感。不过，我在这个动作的基础上还做了一处小修改，把手心向下改为了手心向上。之所以做这个改动，是因为之前的动作主要让我感受到的是臣服中的客体性。当我把手心翻转向上时，我的感受中还增加了主体性，我觉得这个动作简直太完美了。

小 C 的动作：臣服感对于我来说是一种平静又热血的感觉，看上去有点矛盾，但在看动漫的时候我常常有这种感受，这是我理解的臣服感。因此，我的动作灵感来自动漫中的一个角色，每次看到它做这个动作的时候，我就会产生这种感觉，但我还从未尝试过。这个动作是单膝跪地，上身稍微俯身向下，左手扶地，右手紧贴在背后并伸出食指，指向左下方 45 度的位置。当我实际去做的时候，单膝跪地这个动作着实让我自己尴尬了一下，所以我去掉了这个部分，只保留右手的动作，然后臣服感瞬间就涌现了。于是，我把它确定为我的臣服动作，不过在想象的时候，我还是使用了原版动作，这样感受会更强烈些。

总结一下，设计臣服动作分为两个步骤：第一，要确定臣服感对于自己来说是一种怎样的感觉，先在脑海里大概想象一下，不用过多纠结自己感受到的臣服感是对还是错，因为感受没有对错；第二，根据上文提出的设计臣服动作的三个原则去设计动作就可以了。如果暂时想不出来也没关系，可以像小 A 一样先把臣服的感觉记在心里，然后留意生活中偶然做出某个动作时带来的相似感觉。也可以参考小 C 的方式，在自己喜欢的影视作品中寻找灵感。如果长时间都没有进展，也可以使用冥想这个备选方案，后续继续寻找，别着急，慢慢来。

即使你确定了某个动作，这个动作也并非永久不变。我们可以随着自己的成长阶段和不同进度，跟着自己的体验和感受，随时更新和调整。不过，我建议确认每个动作之后，至少用两周来熟悉和适应，再决定这个动作是否可以在接下来作为自己稳定使用的动作。如果因为各种原因你想要更换已经稳定的动作，那么我的建议是等待至少三个月，因为臣服感是需要时间积累体验的厚重型感受，如果和它相处的稳定时间不够多的话，那么可能还没来得及产生质的变化，就又要从头开始了。

总之，初期不用思考过多，如果找到一个能达到及格水平（60 分）的动作，就继续进行练习吧！

[第三节]

七维臣服

在理想情况下，我们会直接向"存在"臣服，但"存在"涵盖世间万物，这个话题讨论起来是无止境的。因此，为了让大家有基本的探索方向，我设计了"七维臣服"（括号中是向这些对象臣服之后获得的结果）：时间（耐心）、局限性（自由）、未知（安全）、情绪（能量）、兴奋（个性）、丧失感（主体性）、距离（客体性）。这七个维度能够在很大程度上代表大部分人所经历的人生困扰，也是我从前面七章内容中提炼出的精华。

大家在阅读下面内容的过程中，除了学习这几个维度本身的意义，还可以试着掌握形成臣服主题的方式。未来在你自己需要的时候，就可以自行设计自己想要臣服的对象，逐渐形成个性化的完整的你。

1. 时间（耐心）

(1) 主题说明

时间是一个客观度量，我们每个人在不同情况下都有不同的感受，这是一个容易引发控制的点。有时候我们很着急，就想让它快一点；有时候我们太开心了，舍不得结束，就想让它慢一点。内耗在我们试图控制时间时会出现。

比如，小B在对伴侣不满意时，就会想要控制时间，觉得对方在一段时间的成长之后，就能达到让自己满意的状态。但这个时间要多久，谁也不知道，甚至即使有足够的时间，伴侣最终能否变成让小B满意的样子，也是未知数。于是，小B就想让对方的成长时间再快些。可每次看到对方令自己不满意的表现时，小B就会意识到这个期望的时间还没到来。所以，每次小B都会变得非常烦躁，而对方和自己却不在同一个心境中，更准确地说，是不在同一个时间频道上。

(2) 臣服礼物

时间无法控制，向时间臣服，就是不去控制无法控制的时间。它只能一秒一秒地过去，我们臣服于时间的公平和稳定，期待它继续保持这样的原则。当我们最终实现臣服时，会获得"耐心"这个礼物。耐心就是尊重时间既定的原则，只做当下这一秒该做的事情，而不是将手伸向下一秒或者更远的未来，去控制还没有发生的时间，那并不在自己的管辖范围内。

2. 局限性（自由）

(1) 主题说明

局限性是一个既定边界，虽然不同的人在不同的事情及不同

的阶段中，会表现出不同的局限性，但每个人和每件事一定都有
其局限性。只是我们未必可以接受，在这种情况下，"控制"就
会出现。内耗在控制局限性上的表现是，或是看不到局限性的存
在，或是不相信局限性的广泛存在，没想到局限性远超自己的预
期，即实际的局限性比自己原本想象的要多得多，从而难以接受
其出现。

比如小 A 在某一个阶段的局限性是，遇到小事也会流眼泪，
而这是不被自己接受和承认的。小 A 认为自己的局限性至少是在
大事发生的时候才哭泣，或者甚至觉得自己没有局限性，希望自
己在任何情况下都能够不流一滴眼泪。所以，每次哭泣的时候，
小 A 都会过度苛责自己，否认自己的局限性。

(2) 臣服礼物

局限性无法控制，向局限性臣服，就是承认局限性的存在。
这个时候你可能会想到某些人或者自己曾经的某个时刻，好像突
破过局限性。比如昨天还不能做到的事情，今天突然做到了。你
可能想问：各种世界纪录被突破，这不就证明局限性是可以不断
被打破的吗？这是一个很棒的问题，但也体现了我们对局限性
产生的误会。局限性并不会阻止我们做出改变，它想强调的是
当下的局限性，一种正在发生的无能为力，而不是我们永远无能
为力。

小 A 现在流眼泪了，这是小 A 当下情绪表达的局限性；一

个人昨天没做到的事情，今天做到了，那么昨天没做到就是昨天的局限性；一个运动员刷新了自己的最好成绩，那么最新的成绩就是最新的局限性……

局限性是一个果断的终结者，它始终都在处理当下的事情，不会把上一秒的事情带入下一秒。我们臣服于局限性的果断，期待它总是让一件事有始有终。当我们最终臣服时，会获得"自由"这个礼物。自由就是不被历史牵绊，它可以让我们随时实现任何事情，因为我们不害怕新的局限性出现。而一旦新的局限性出现，它也会随即成为历史。

3. 未知（安全）

(1) 主题说明

未知是一个确定的空白，不管我们怎么努力，都无法消除未知。未知会带来焦虑和恐惧，于是我们试图让未知变为已知，"控制"便在这个过程中出现了。内耗和未知的关系就像你看到了远方的高楼，拼命想过去，以为已经靠得很近了，但抬头一看，却发现那只是海市蜃楼，它还在远方。所以，内耗时越努力，未知就越变幻莫测，因为我们永远无法到达我们不知道的地方。

比如小 C 常常幻想，如果自己不是在现在的公司做这个工作，而是能够按自己的心意成为自由职业者，那将是一件很开心的事情。但小 C 又会担心成为自由职业者之后，连生存都成问题。这种又理想又令人担心的未知，让小 C 无法安心完成当下的工作和过好当下的生活。小 C 总希望有一个人可以来告诉自己，如果自己做自由职业者是否会成功，这样自己才能做出留下还是离开的决定，否则就只能在中间摇摆。

(2) 臣服礼物

未知无法控制，向未知臣服，就是不强迫未知提前暴露自己。未知和未来不同，向未知臣服并不等于"摆烂"。我们可以憧憬未来，它其实是当下的行为，此时此刻我希望有怎样的未来，代表的是我当下的心境。但如果这个未来不一定成真，那么就变成了未知。未知不会因你希望的强烈程度而发生变化，没发生就代表还未知。向未知臣服并不代表我们什么都不用做或者什么都不能做，只是在做的时候，要意识到是在为当下的意愿做事，而不是在为未来的未知做事。

比如对小 C 来说，如果当下的意愿是想离做自由职业者更近一些，那么与其担心成为自由职业者之后会怎样，不如看看当下的意愿在当下可以完成什么。于是，小 C 完成了一份二次绽放计划（参见第五章第二节），并且已经在网文平台上更新自己的新小说了。

未知是一个中性的意外，它可能带来好消息，也可能成为一个不速之客。向未知臣服，就是臣服于它给我们生活带来的无限可能。至于未知究竟带来的是怎样的可能，我们不得而知。不过可以确定的是，如果你能够按照当下的心意去做当下力所能及的事情，那么当未知出现的时候，面对未知的那个你绝不会是未知的，因为它就是每一个当下的你。向未知臣服后，最终我们能够获得它送出的珍贵礼物——安全。

4. 情绪（能量）

(1) 主题说明

情绪是所有生命体都经历的体验，不仅人类如此，动物和植物也不例外。有的情绪带来的是愉悦的体验，有的情绪带来的则是痛苦的体验。我们趋利避害的本能让我们想要靠近前者，远离后者，于是"控制"便出现了，而且这种控制不仅指向自己，也常常指向别人。

比如小 B 在突破了伴侣的边界时，希望对方有特定的反应，而且是反直觉的反应。小 B 希望伴侣在被自己打扰的情况下，还表现出对自己浓烈的关心和爱意，希望对方喜欢被自己打扰，否则自己就会不开心，爆发出大的争吵。

(2) 臣服礼物

情绪的外在表现或许可以控制，但情绪的产生本身无法控制。向情绪臣服，就是允许自己体验任何情绪。自己在情绪的体验上并无特权，任何情绪都有资格出现在自己身上。严格来说，这是我们需要付出的一种代价。情绪也极其慷慨，向它臣服后，它馈赠给我们的礼物是精神世界的原始能源——心理能量。情绪本身蕴含巨大能量，如果我们想压抑它，就需要消耗更大的能量才行。这样一来，我们不仅不能接触到情绪本身的能量，还在压抑这个动作上消耗和浪费了大量能量。如果我们能向情绪臣服，一方面可以节省压抑和对抗的能量，另一方面可以和情绪之间更友好地进行互动，从而温和地接收情绪的能量。

积极情绪能让我们感受到能量，比如开心的时候，就感觉有使不完的力气。但是被我们定义为"负面情绪"的那些能量，怎么也能够被我们吸收呢？首先，我认为定义情绪的正面和负面这种行为本身就可能存在一定的理解误区，比如被定义为负面情绪的焦虑、恐惧、嫉妒等，都有其非常重要的自身功能。焦虑负责计划，恐惧负责警惕危险，嫉妒负责看到自身盲区……其次，负面情绪之所以不仅没有给我们赋予能量，还劫持了原有的能量，主要是因为我们和负面情绪的相处方式上出了问题——我们常用的是压抑和对抗的方式，既然把它们作为敌人看待，那么遭遇到的自然是攻击。所以，我们要换个方式，重新和这些情绪相处。它们都像积极情绪一样，是可以带来能量的情绪，只是它们的性格会复杂一些，需要我们找到适合的方式。比如在第四章中对待恐惧情绪的方式，就可以让我们从恐惧中获得能量。因为情绪包含的种类太多了，所以向情绪完整地臣服是一项大工程，我的建议是可以一种一种地突破，逐渐收获能量。

5. 兴奋（个性）

(1) 主题说明

兴奋是一个很特别的主题。首先，我们此处讨论的"兴奋"并非我们平时所理解的那种兴奋的情绪，而是与在第五章第三节中第一次提到的"兴奋点"概念中的兴奋相同，是一种高唤起的状态。其次，这个主题没有其他主题那么显而易见，它存在得更深层，表现在我们对世间万物都可能会兴奋的这个本质上。我们可能习惯于这样理解兴奋的概念：某些事情具备让人兴奋的特点，因此当我们和这些事情相遇的时候，就会感到兴奋。但事实上，我们兴奋的原因是先于事件的特点出现的，也就是说，即使没有某个兴奋事件，或者某个事件通常并不会引起人的兴奋，我们的兴奋点就已经形成了。兴奋点形成的原因有很多，可能是我们历史的创伤、与生俱来的特质、社会经历的影响等。如果我们弄清楚了这个过程，那么重新去理解兴奋之后，会是这样的：我们既可以对世间万物产生兴奋的感觉，也可以对任何事物没有任何兴奋的感觉，这不取决于兴奋的对象是什么，而取决于我们自己是怎样的人。至于最终会对什么兴奋、对什么不兴奋，只是我们当下是怎样的人外在表现出来的结果。如果我们对自己产生了不同的理解，那么兴奋点就可以发生不同的变化。

当我们处在之前对兴奋的理解中时，就很容易产生控制。因为我们误以为外界的人或事物造成了我们的兴奋，于是想要去控制这些人和事物，希望它们继续给我们带来兴奋的感觉，或者通过远离这些对象来减弱兴奋的感觉。比如小B在第五章中进行兴奋点练习的时候，找到的兴奋点是被忽略，但事实上兴奋点不是唯一的。小B还发现自己对于吵架也会感到兴奋。当小B看到对方不理自己的时候，其实有很多反应方式，像双方都各自静一静或者表现出伤心难过等。但是小B在"第三只眼"的帮助下发现，自己是"故意"选择了挑衅的方式来促成一场吵架的发生。小B能够感受到吵架即将到来的时候自己肾上腺素飙升的感觉。当这种感觉出现时，吵架可谓一触即发，很难控制，这就是兴奋点的威力。

(2) 臣服礼物

向兴奋臣服，就是用新的方式来理解兴奋。我们可以对世间万物兴奋，也可以不兴奋，这不取决于兴奋的对象是什么，而取决于我们自己是怎样的人。还是用小B的事情来解释，当小B要吵架的时候，应该意识到并非因为对方太糟糕了而让自己忍不住吵架，而是自己现在是一个想要吵架的人，所以这场吵架发生了，对方糟糕与否并非决定性因素。兴奋是一个很特别的主题，它送出的礼物同样也很特别，那就是个性。你所有的表现都是兴奋选择的结果，当然你可以做出不同的选择，那么兴奋点的组成就展现出了你是有着何种个性的人。如果你喜欢自己的个性，那即便做一个喜欢吵架的人也没关系；如果你想拥有其他个性，那也很简单，改变你的兴奋点就可以了（改变兴奋点的方式可以参见第五章第三节）。

6. 丧失感（主体性）

(1) 主题说明

终极的丧失感来自死亡，这是一个必然的终局。在日常生活中，死亡可能还离我们比较遥远，于是这种终极的丧失感就弥散在了更为琐碎的生活细节上，变成一种频繁出现的丧失感。比如一段感情的结束、一个物品的丢失都会让我们体验到丧失感。显然，很多人既不想面对死亡，也不想失去任何东西，因此"控制"就会出现。

控制丧失感的方式有很多。其中一种是拖延，因为人们不想看到结局。比如，很多人可能都有这样的经历：在观看一个很喜欢的影视作品接近尾声时，会故意搁置不看结局，就好像只要不看结局，这一切就还没有结束。还有一种控制丧失感的方式是频繁寻找替代品，或者无限忍受一个人对自己带来的伤害等。

(2) 臣服礼物

丧失感无法控制。也许我们能尽量拖延时间，但无法改变终局。所以，向丧失感臣服，就是鼓起勇气去经历可能提前到来的终局或并非理想中的终局。当我们知道最终是孤身一人，但还是愿意继续向着这个结局前行时，那么恭喜你，你获得了丧失感送给你的主体性礼物。只有拥有足够强大的主体性，才能踏上这样的旅程。

7. 距离（客体性）

(1) 主题说明

距离像时间一样，也是一种客观度量。它有近有远，但不同的人在感受怎样的距离是舒适的这一方面，也有不同的看法。有的人觉得距离远一点更舒服，有的人觉得距离近一点会更理想。为了让自己体验到舒适的关系距离，我们就会产生"控制"。比如小B就希望和伴侣能够再近一点，小C就希望和外界的各种人的关系再远一点。

(2) 臣服礼物

向距离臣服，就意味着我们不仅要考虑自己对距离的需求，也不得不将组成某个距离关系中的对方考虑在内，这是对对方主体性的尊重。因此，我们必然要同时承受自己在客体上的位置体验。事实上，在这个过程中，我们会同时感受到主体性和客体性的存在。然而，由于客体性是更难获得的礼物，因此我重点强调了这个部分。为什么客体性更难获得呢？因为主体性是我们想要为自己争取什么，但客体性是要将一些东西交出去，同时还要感到平静，这是更有挑战性的境界。如果能够同时感受到这二者的存在，那么祝贺你获得了向距离臣服后的大礼包。

　　以上是我为大家总结的"七维臣服"，如果你在这七个维度之外，自己也产生了很多臣服的主题灵感，并且跃跃欲试，请看看下面几个建议。

　　对臣服对象的描述要尽量使用中性的词语。因为在宏观概念上，我们是在向"存在"臣服，所以原则上，大家想要向任何对象臣服都是没问题的。我建议选择中性的词语来描述臣服对象的原因是，如果你的臣服对象是积极词语，那么在臣服的过程中，可能就会受到像欣赏这样的情绪干扰，使你的臣服不纯粹；如果你的臣服对象是消极词语，那么你的臣服里也可能掺杂着放弃、投降、屈服等因素，会导致你的臣服不纯粹，甚至可能是有害的。为了避免干扰，你对臣服对象的描述最好是中性的。例如，如果你被愤怒困扰，想要向愤怒臣服，那么它属于情绪的分类，就可以把臣服对象用"情绪"来替代，而不是"愤怒"。当然，如果你已经练习了比较久的臣服，可以精准把握臣服的中性状态，那么你臣服的对象可以直接使用它本来的词语，不用受到过多限制。

　　只有一个禁忌，那就是臣服的对象不能是实际的人，因为臣服并不是真实的人际互动，它是自我关系的一种终极表达形式，所以切忌将一个真实的人放在臣服对象的位置上。

　　臣服也是一种中性体验。它既不需要你把臣服的对象捧得高高在上，也不需要刻意矮化自己，过分谦卑。你和它是一种平等的关系，同时体现主体性和客体性的关系。一种中性体验，可以让你感到真正的平静和自由。

臣服练习既可以系统化也可以碎片化。我为大家总结的"七维臣服"没有固定的练习顺序，你可以按照你的意愿或想法进行。如果你想要系统化练习，那也可以参考以下思路，比如可以挑选对你来说最简单的或者目前最困扰你的主题，还可以在练习前找出各个臣服对象的内在逻辑和关系。有一些属于更本质的，有一些属于更表面的，可以用由深入浅的方式逐个击破。因为臣服练习是一个长期的过程，所以不用给自己太大压力。在保证基本原则的前提下，各种方式都可以尝试，然后找到适合自己的节奏和状态。

在迷茫的时候，可以直接向"存在"臣服。我们不一定在任何情况下都有力气去思考要臣服的对象是什么，在迷茫或者情绪非常波动的时候，急需一次臣服的体验来让自己恢复平静，可参考以下两个思路，一是可以统一使用"存在"这个对象，二是可以使用"完整的我"这个对象。这二者的包容度很高，作为臣服对象没有任何问题，前者更侧重世间万物，是更整体、更宏观的概念，后者则更侧重自我，是一个微观的概念，大家可以根据自己的感受和体验进行选择。向"存在"和"完整的我"臣服后，会获得什么礼物呢？这就要大家自己去定义了，这是向大家传递的"终极允许"，你被允许可以获得任何东西，它们是你应得的奖赏。

要嘱咐大家的就这么多，快去设计自己的臣服对象吧！

臣服正在进行时

在前三节中，我带着大家完成了对臣服的理解、设计臣服的动作，以及讨论臣服的对象，准备工作已经非常充分了。现在，让我们把所有的训练整合在一起，形成臣服训练的最终版本（见表8-1）。

表 8-1　臣服

练习步骤	步骤说明
形成自己对臣服的理解	可以参考本章的内容，以其为基础 鼓励大家形成自己个性化的理解
我对臣服的理解是：	
设计臣服动作	优先设计身体动作 在身体动作的基础上，改良想象动作， 效果能达到身体动作的60% 即可
我的臣服动作是（身体动作）：	
我的臣服动作是（想象动作）：	

（续）

练习步骤	步骤说明
臣服的基础练习	基础练习的对象是"七维臣服" 挑选自己的练习对象（至少一个），并设计臣服"咒语"，也就是在做出臣服动作时，脑海中可以表达的臣服话语（也可以实际讲出来，无硬性要求） 练习完成后记录自己的体验

我的臣服对象是：

我的臣服"咒语"是：

模板：×× （臣服对象），我向你臣服，请赐予我 ×× （臣服礼物）。我现在正 ×× （臣服动作），用 ×× （从你的臣服动作中选出一个细节，用于感受你和臣服对象之间的触碰，自定义即可。）触碰你，你感受到了吗？臣服，是我现在唯一在想、在做、在体验的事。谢谢你允许我这样做，而你也是值得我臣服的对象。

我的臣服体验是：

臣服的个性化练习	设计自己的臣服对象 设计该对象的臣服"咒语" 练习完成后记录自己的体验

（续）

练习步骤	步骤说明
我的臣服对象是：	
我的臣服"咒语"是：	
我的臣服体验是：	

注：

1. 欢迎随意设计臣服"咒语"，任何能够帮助你更好地沉浸在臣服体验中的话语都可以，长度没有限制，你可以自由决定臣服的结束时间；语种也没有限制，你可以使用任何能让你感受到臣服的语言。
2. 建议以 14 天为一个练习周期，每天练习完成后，可以写下自己的臣服体验，这个体验会帮助你在下一次的臣服中更好地练习。

　　接下来请小 A、小 B 和小 C 为我们做最后一次展示。

　　表 8-2 展现的是小 A 的臣服。

表 8-2　小 A 的臣服

练习步骤	步骤说明
形成自己对臣服的理解	可以参考本章的内容，以其为基础鼓励大家形成自己个性化的理解

　　我对臣服的理解是：臣服感并不难想象，我觉得是有从地面上飘浮起来的感觉，但不会一下子飞到空中

（续）

练习步骤	步骤说明
设计臣服动作	优先设计身体动作 在身体动作的基础上，改良想象动作，效果能达到身体动作的 60% 即可

我的臣服动作是（身体动作）：<u>半个身子探出床边，完全向下放松，头和两只手臂自然垂落地面</u>

我的臣服动作是（想象动作）：<u>在按摩椅上，全身向下平躺，然后把头放进按摩椅的洞里</u>

练习步骤	步骤说明
臣服的基础练习	基础练习的对象是"七维臣服" 挑选自己的练习对象（至少一个），并设计臣服"咒语"，也就是在做出臣服动作时，脑海中可以表达的臣服话语（也可以实际讲出来，无硬性要求） 练习完成后记录自己的体验

我的臣服对象是：<u>局限性（自由）</u>

我的臣服"咒语"是：<u>局限性，我向你臣服，请赐予我自由。我现在正俯身向下，用双手触碰你，你感受到了吗？臣服，是我现在唯一在想、在做、在体验的事。谢谢你允许我这样做，而你也是值得我臣服的对象</u>

我的臣服体验是：<u>不知道为什么，当我第一次尝试的时候，有想哭的感觉，那是一种身体上长期疲累之后，终于得到放松的安慰，心也跟着沉了下来。对于局限性，我不像之前那么抗拒了，我想我会继续尝试，期待这种放松感能一直持续下去。等一下，这种期待是不是又进入了控制的圈套呢？我有点不确定。下次练习中我再重点感受一下"中性体验"吧</u>

练习步骤	步骤说明
臣服的个性化练习	设计自己的臣服对象 设计该对象的臣服"咒语" 练习完成后记录自己的体验

（续）

练习步骤	步骤说明

我的臣服对象是：历史痕迹（融合）。我设计这个对象的初衷是，常常觉得只要忘记历史，就不会影响自己。但事实上，历史悄无声息地在我身上留下了很多痕迹，这些痕迹和现在的生活发生了很多互动。由于我总是排斥历史的痕迹，连带着我其实也在排斥现在的生活，因此我想试着向历史痕迹臣服，期待获得"融合"这个礼物。不管是历史的我、现在的我还是未来的我，我都能够与其友好相处

我的臣服"咒语"是：历史痕迹，我向你臣服，请赐予我融合。我现在正俯身向下，用双手触碰你，你感受到了吗？臣服，是我现在唯一在想、在做、在体验的事。谢谢你允许我这样做，而你也是值得我臣服的对象。臣服后，我感受到那些历史痕迹是我身上与生俱来的文身，它们挺漂亮的

我的臣服体验是：我在"咒语"的结尾增加了自己额外想说的话，因为我总是很难理解抽象的东西，所以当我想象历史痕迹其实就是身上的文身，而且是我喜欢的文身时，这种融合感就更强一些，帮助我在每一次的臣服练习中更加专注

　　小 A 的告别：这是我分享的最后一个练习。没想到在容易为小事流眼泪的背后，隐藏了那么多我根本没有意识到的深层秘密。与此同时，我也成长了很多。坦白地讲，有时候我真希望成长是有尽头的，这样就不用总是因为自己的盲区而感到意外了。然而，"臣服"让我有了不一样的体验，我好像不再需要去思考"成长"这件事了，反而更多的时候我就是单纯地在跟自己相处。在之前很长的一段时间里，我都在抵抗历史带来的影响，好像很少和自己简单地体验当下的生活。那是一种自我脱离的感觉，可

能正是因为这种脱离感，当我哭泣的时候，才会有强烈的不适应感吧。毕竟哭泣的当下，反而是我少有的真实时刻。如果这样理解的话，那有意思的情况就出现了——原来不内耗时的我是脱离的、虚假的，反而产生内耗时才是真实的我敢出来冒头的时刻。这也就意味着，内耗从来都不是问题所在，问题是我不知道该如何与在内耗时展露出来的真实自我相处。幸运的是，现在我已经有了一些头绪，希望你也是。

表 8-3 展现的是小 B 的臣服。

表 8-3　小 B 的臣服

练习步骤	步骤说明
形成自己对臣服的理解	可以参考本章的内容，以其为基础鼓励大家形成自己个性化的理解
我对臣服的理解是：臣服的时候，我会产生信仰感。信仰感出现的时候，我感觉头顶会有光，充满希望	
设计臣服动作	优先设计身体动作 在身体动作的基础上，改良想象动作，效果能达到身体动作的 60% 即可
我的臣服动作是（身体动作）：双腿前后折叠跪于地上，上半身俯身趴下，额头轻轻点地，双手向前伸展，手心向下 我的臣服动作是（想象动作）：和身体动作基本一致，只是位置从地上改到云端，这样可以让呼吸更通畅，动作因此能持续更久	

（续）

练习步骤	步骤说明
臣服的基础练习	基础练习的对象是"七维臣服" 挑选自己的练习对象（至少一个），并设计臣服"咒语"，也就是在做出臣服动作时，脑海中可以表达的臣服话语（也可以实际讲出来，无硬性要求） 练习完成后记录自己的体验

我的臣服对象是：距离（客体性）

我的臣服"咒语"是：距离，我向你臣服，请赐予我客体性和主体性。我现在正双腿前后折叠跪于地上，上半身俯身趴下，额头轻轻点地，双手向前伸展，手心向下。我用额头触碰你，你感受到了吗？臣服，是我现在唯一在想、在做、在体验的事。谢谢你允许我这样做，你是值得我臣服的对象

我的臣服体验是：我每一次呼吸的时候，吸气时，背部会非常有力量；呼气时，身体会更多地沉向地面，这让我有一种动态的臣服感。吸气的时候对应的是主体性，呼气的时候对应的是客体性。我惊叹于这个动作和要臣服的对象之间的契合程度，它让我更完整地体验了臣服的过程

臣服的个性化练习	设计自己的臣服对象 设计该对象的臣服"咒语" 练习完成后记录自己的体验

（续）

练习步骤	步骤说明
我的臣服对象是：幻想（真实）。幻想本身没什么不好，但我对自己、对伴侣、对这个世界有太多幻想了，这让我越来越脱离真实体验。当幻想发生时，我当下确实很开心，但这只是一种碰巧的体验，也并不能代表什么；当幻想没发生时，我就会执着于幻想的发生，当下其他的真实体验就都被忽略了	
我的臣服"咒语"是：幻想，我真的很喜欢你，但我不能在你这里迷失自己。我想试着臣服于你，不再过度执着，我将身体沉向大地，从外界进入你的内心，看到其中的真实	
我的臣服体验是：模板中的"咒语"是有效的，但我还想尝试一下别的可能性，所以自己又设计了一个。我设计的版本比模板带来的情绪要更多一些，我不确定这对练习的帮助是正向的还是负向的。我下次要再体验一下，毕竟最终还是要找到更中性的感受才行	

　　小 B 的告别：告别对我来说并非易事，不只是在亲密关系中，和不太熟悉的人同样如此。所以，想必这是我自己要进修的功课。亲密关系对于我来说一直很有挑战性，每段关系的开始对于我来说并不难，但要去维系它却会面临不同的挑战。我觉得可能是之前把重点弄错了，总是在找某个对的人，那个能够匹配我所有需求的人。经历了本书的一系列练习之后，我意识到，也许我一直都在忽略自己。等待一个对的人出现固然有极强的诱惑力，可有什么事情能比"我知道我是谁，并充分理解自己，最终能够和其美妙地相处"更重要呢？当"我"是一个稳定的存在

时，我想我能具备"无惧未知"和"无悔过去"这两种充满力量的能力，同时有足够的智慧去"决策当下"。这三种能力，也是三个祝福，送给大家，后会有期。

表 8-4 展现是小 C 的臣服。

表 8-4 小 C 的臣服

练习步骤	步骤说明
形成自己对臣服的理解	可以参考本章的内容，以其为基础 鼓励大家形成自己个性化的理解

我对臣服的理解是：平静＋热血，动漫看多了，哈哈！臣服对我来说是一种力量，而真正的力量让我感觉到平静和热血。之前总觉得这种状态可望而不可即，但没想到现在有了攻略

设计臣服动作	优先设计身体动作 在身体动作的基础上，改良想象动作，效果能达到身体动作的 60% 即可

我的臣服动作是（身体动作）：自然站立，右手紧贴在背后并伸出食指，指向左下方 45 度的位置

我的臣服动作是（想象动作）：单膝跪地，上身稍微俯身向下，然后左手扶地，右手紧贴在背后并伸出食指，指向左下方 45 度的位置

臣服的基础练习	基础练习的对象是"七维臣服" 挑选自己的练习对象（至少一个），并设计臣服"咒语"，也就是在做出臣服动作时，脑海中可以表达的臣服话语（也可以实际讲出来，无硬性要求） 练习完成后记录自己的体验

（续）

练习步骤	步骤说明
我的臣服对象是：时间（耐心） 我的臣服"咒语"是：时间，我向你臣服，请赐予我耐心。我现在正自然站立，右手紧贴在背后，伸出食指，指向左下方 45 度的位置。我用伸出的食指指尖触碰你，你感受到了吗？臣服，是我现在唯一在想、在做、在体验的事。谢谢你允许我这样做，而你也是值得我臣服的对象 我的臣服体验是：我太喜欢这个动作了，随时随地都可以做！每当我希望时间快点过去的时候，都会做这个动作。在条件允许的情况下，我还会练习咒语。本来抽象的、看不见摸不着的时间，一下子就和我产生了触感上的联结，那种感觉真的太棒了	
臣服的个性化练习	设计自己的臣服对象 设计该对象的臣服"咒语" 练习完成后记录自己的体验

我的臣服对象是：梦（灵感）。我之前很害怕做梦，因为如果遇到噩梦，白天需要好久才能缓过来，特别影响心情。但我现在要发展写作副业了，我要让自己有更丰富的体验，而不是把自己封闭在一个太过安全的范围里。所以我的写作练习之一就是每天早上起来把昨天的梦记录下来，如果没有做梦的话，我就会修改前一天的梦境，让它变得更有逻辑和可读性

我的臣服"咒语"是：梦，我向你臣服，请赐予我灵感。我现在正自然站立，右手紧贴在背后并伸出食指，指向左下方 45 度的位置，我用伸出的食指指尖触碰你，你感受到了吗？臣服，是我现在唯一在想、在做、在体验的事。谢谢你允许我这样做，而你也是值得我臣服的对象

我的臣服体验是：我想在"咒语"上有更多的创意，但是目前这个版本已经很好用了，而且如果太长的话，我可能记不住，哈哈。所以，我打算把目前的"咒语"背得滚瓜烂熟之后，再考虑增加其他的文字

小 C 的告别：说告别太伤感了，我们还有机会相遇！我跟大

家汇报一下我的收获，主要有两个：一是我发现自己的工作原来没那么可怕，我也许真的能够游刃有余；二是我坚定了要做副业的决心，写作这件事情对我来说百利而无一害，哪怕没有收入，能够释放我被工作压抑的灵魂也是好的。我由衷地希望大家在内耗中能够重新找到自己的生命之花，让它再次绽放。

结　语

♪　本书到这里即将告一段落，辛苦大家一起和我完成了这场自我剖析的旅程。

有心理学家将心理咨询比作手术的过程，大致需要经历五个阶段，分别是过敏测试、切开伤口、找到病灶、进行治疗，以及缝合。在本书中，我们其实也经历了这样的过程。希望此刻大家能够体会到进行了一段自我成长后的满足感和安全感，尤其是安全感，绝不能让自己的内心"伤口"在无保护的情况下暴露在外（最后提醒大家，如果出现任何超出自己控制范围的心理波动，请及时寻求专业心理咨询师的帮助）。

心理成长和真正的手术不一样的地方在于，手术一般不会高频发生，并且在手术后，患者往往可以得到一个相对确定的结果，而心理成长无法一次性实现某个确定的结果，这也是为什么我更倾向于将它融入我们的生活，使其变成一种生活方式。我们有选择努力方式的自由，希望我对成长的解读能够如同春日的微风，轻轻拂去成长之路上的重重迷雾，让其不再是那令人望而却步的陡峭险峰，而是一条铺满鲜花与希望、充满趣味与惊喜的心灵探索之路。

"害怕，也不妨碍做勇敢的事。"